卓越系列·21世纪高职高专精品规划教材

机械制图

MECHANICAL DRAWING

主　编　郭香敏
副主编　王德山　谢伟东　李国昌
参　编　刘　宇　包玉花　杨子立
　　　　宋春莲　杨　琪

天津大学出版社
TIANJIN UNIVERSITY PRESS

图书在版编目(CIP)数据

机械制图/郭香敏主编. —天津：天津大学出版社，2008.8
ISBN 978-7-5618-2674-4

Ⅰ.机… Ⅱ.郭… Ⅲ.机械制图-高等学校：技术学校-教材 Ⅳ.TH126

中国版本图书馆 CIP 数据核字(2008)第 120739 号

出版发行 天津大学出版社
出 版 人 杨欢
地　　址 天津市卫津路 92 号天津大学内(邮编:300072)
电　　话 发行部:022-27403647 邮购部:022-27402742
印　　刷 天津市泰宇印务有限公司
经　　销 全国各地新华书店
开　　本 185mm×260mm
印　　张 16.5
字　　数 317 千
版　　次 2008 年 8 月第 1 版
印　　次 2008 年 8 月第 1 次
印　　数 1-3 000
定　　价 26.00 元(附赠习题册)

前　言

本书为高职高专公共基础课规划教材，是根据教育部制定的高职高专教育工程制图基本要求，在总结机械制图课程教学经验及改革成果的基础上编写的。本书以面向21世纪高等职业教育的人才需求为出发点，以高等职业教育改革需求为编写思路，以提高学生的科学文化素质，培养学生的创新精神、实践能力及职业素质为目标，采用制图及其相关的最新国家标准和行业标准，按照学生的认知规律安排内容，大量列举生产中的实例，注重对学生读图能力的培养。另外，针对当前高等职业学校学生的认知基础、学习特点及满足后续课程的要求，在教材的体系结构和某些内容的处理上有所突破和创新。

本书主要内容包括机械制图与识图基础、机械制图的基本技法、基本几何体的画法、组合体的画法及识读、机件的表达方式、标准件和常用件、机械图样上的技术要求、识读零件图与装配图等。根据相应岗位群职业能力的要求，书中着重阐明了识图和绘制图样的基本理论和方法，突出以识图为主、读画结合、学以致用的特点。由于“看图源于画图”，所以采用了“既突出看图，又不忽视画图”这条编写主线。自投影作图起，即以“必需、够用”的基础理论为指导，将画图、看图糅在一起，力求使学生把握开启画图、看图之门的两把钥匙。在内容的处理上，组合体之前的内容，采用了“精而深”的写法，相应知识较为厚重，因为这是培养学生具有看图、画图能力和扩充知识的根本保证；组合体之后的部分，则采用了“粗而广”的写法，且结合常见图例，尽量多地介绍一些实际生产图样所涉及的内容。其中，由于技术要求（如表面粗糙度、极限与配合、形位公差等）是零件图中的重要内容，所以也给予了适量介绍，为看、画实用的零件图创造条件。为便于学生自学，本书在编写上力求做到内容通俗易懂、由浅入深、循序渐进、重点突出、理论联系实际。本书内容完全符合国家中、高级制图员技能鉴定理论知识考核的要求。本书附赠《机械制图习题册》，主要包括制图的基本知识与技能、正投影法及三视图、组合体的视图及识读、机件常用的表达方法及识读、标准件和常用件的画法及识读、零件图的绘制及识读、装配图的绘制及识读、机器零部件的测绘等知识的训练，与本书配合教学使用。

本书由齐齐哈尔职业学院的郭香敏、王德山、李国昌、谢伟东、刘宇、包玉花，齐齐哈尔高等师范专科学校的杨子立，鸡西大学的宋春莲，齐齐哈尔铁路工程学校的杨琪等教师共同参与编写。该书由郭香敏任主编，王德山、李国昌、谢伟东任副主编，刘宇、包玉花、杨子立、宋春莲、杨琪参编。编写的具体分工为：郭香敏编写第2、5、7章及附录；王德山编写前言与第1、3、8章；李国昌编写第4章；谢伟东编写第6章；郭香敏、刘宇、包玉花、杨子立、宋春莲、杨琪共同编写习题册。在本书编写过程中得到了天津大学出版社工作人员的悉心指导和帮助，在此表示由衷的感谢！

本书适用于机电类各专业教学用书，可作为高职高专公共基础课的教材，也可供其他各类院校及工程技术人员参考使用。

由于我们的水平所限，书中的缺点在所难免，诚请读者批评指正。

编者

2008年6月

目　录

第 1 章　机械制图与识图基础

1.1　怎样学会识读机械图

在现代工业生产中，机器的设计、制造、安装和维修，都是依据图样进行的。熟练识读机械图，是每个机械工人必须掌握的基本技能。

要学会识读机械图，首先需要学习和掌握以下几方面的知识。

(1)投影的基本原理和用图样表达零、部件的方法。

(2)零、部件的加工制造和装配工艺知识。

(3)有关制图的国家标准。

在学习识图的过程中，要将所学制图理论运用于看图过程中，反过来在看图过程中理解这些制图理论。另外还要通过大量的看图实践来掌握识图的基本技能。零、部件虽然多种多样，但同一类型的零、部件，其形状、结构相对不变，制造和装配方法也基本相同。因此，只要平时多观察零、部件的实物，并与图样进行对照分析，就会逐步熟悉其结构与加工方法，这对提高识图能力会有很大的帮助。

1.2　机械制图国家标准

为了便于生产、管理和技术交流，必须对图样的画法、尺寸注法等作出统一的规定。《机械制图》和《技术制图》国家标准是工程界重要的技术基础标准，是绘制和阅读机械图样的准则和依据。《机械制图》标准适用于机械图样，而《技术制图》标准则适用于工程界各种专业的技术图样。

我国国家标准(简称"国标")的代号是"GB"。例如，"GB/T 14689—1993"是国家标准《技术制图 图纸幅面及格式》的代号。其中"GB/T"表示推荐性国家标准，是汉语拼音 GUOJIA BIAOZHUN(国家标准)和 TUIJIAN(推荐)的缩写，如果"GB"后没有"/T"表示强制性国家标准；"14689"是该标准的编号；"1993"表示该标准是 1993 年发布的。

本节仅摘要性地介绍机械制图标准中的图纸幅面、比例、字体和图线等基本规定，其他标准将在相应章节中介绍。

1.2.1　图纸幅面和格式(GB/T 14689 —1993)

1. 图纸幅面

绘制图样时，应优先采用表 1.1 所规定的基本幅面。必要时，也允许选用国家标准所规定的加长幅面。这些幅面的尺寸由基本幅面的短边成整数倍增加后得出。

表 1.1　图纸幅面代号和尺寸　　(mm)

幅面代号	A0	A1	A2	A3	A4
$B \times L$	841×1 189	594×841	420×594	297×420	210×297
a	25				
c	10			5	
e	20		10		

2. 图框格式

每张图样均需有粗实线绘制的图框。

要装订的图样，应留装订边，其图框格式如图 1.1 所示。不需要装订的图样其图框格式如图 1.2 所示。但同一产品的图样只能采用同一种格式，图样必须画在图框之内。

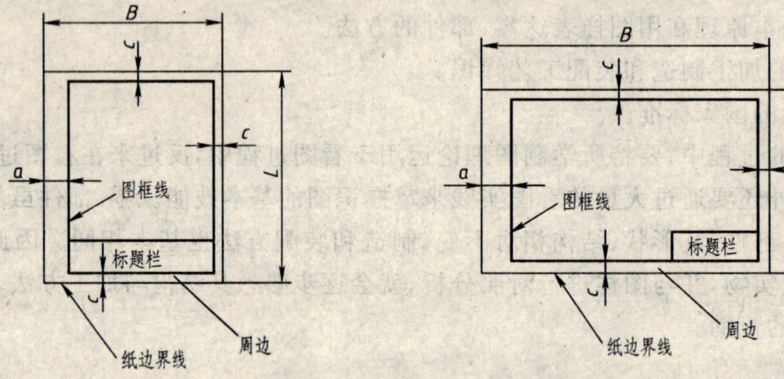

图 1.1　留有装订边图样的图框格式

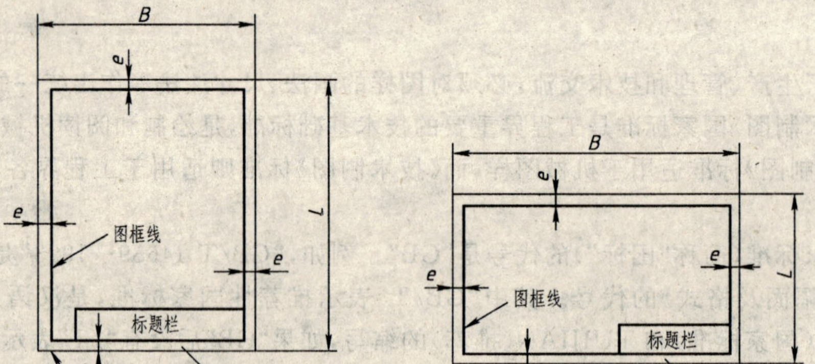

图 1.2　不留装订边图样的图框格式

3. 标题栏

每张图样必须绘制标题栏，标题栏应位于图纸的右下角，标题栏中文字的方向应为看图方向。标题栏的格式由 GB/T 10609.1—1989 作了统一规定，其形式如图 1.3 所示。

在学校制图作业中，建议采用图 1.4 所示的简化标题栏格式。

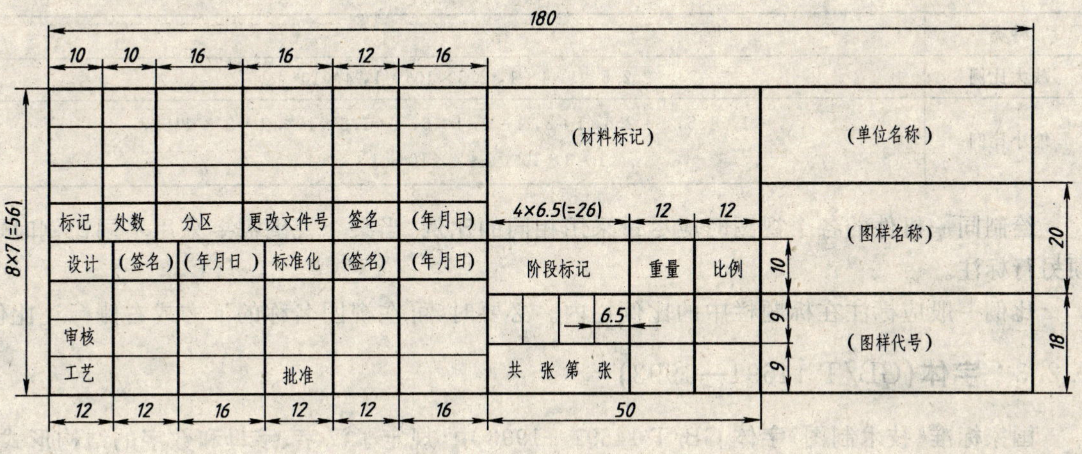

图 1.3　标题栏的格式

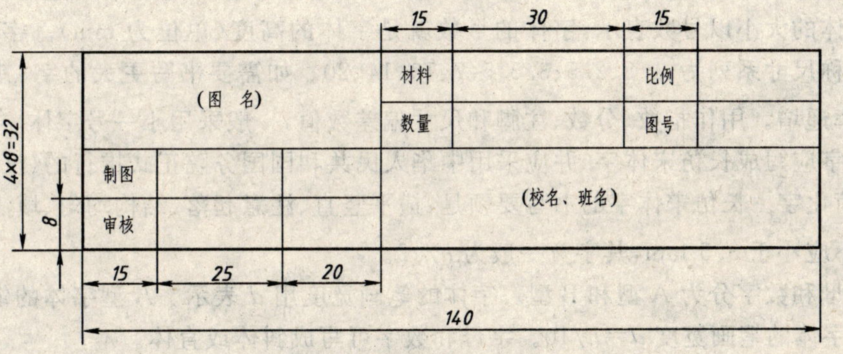

图 1.4　标题栏的简化格式

1.2.2　比例(GB/T 14690—1993)

绘制图样时所采用的比例，是图样中机件要素的线性尺寸与实际机件相应要素的线性尺寸之比。简单地说，图样上所画图形与其实物相应要素的线性尺寸之比称作比例。比值为 1 的比例，即 1∶1，称为原值比例；比值大于 1 的比例，如 2∶1 等，称为放大比例；比值小于 1 的比例，如 1∶2 等，称为缩小比例。

绘制图样时，应尽可能按机件的实际大小画出，以方便看图，如果机件太大或太小，则可用表 1.2 中所规定的第一系列中选取适当的比例，必要时也允许选取表 1.3 第二系列的比例。

表 1.2　第一系列比例

种类	比　　例
原值比例	1∶1
放大比例	2∶1，5∶1，1×10^n∶1，2×10^n∶1，5×10^n∶1
缩小比例	1∶2，1∶5，1∶1×10^n，1∶2×10^n，1∶5×10^n

表 1.3　第二系列比例

种类	比　　例
放大比例	2.5∶1，4∶1，2.5×10^n∶1，4×10^n∶1
缩小比例	1∶1.5，1∶2.5，1∶3，1∶4，1∶6，1∶1.5×10^n，1∶2.5×10^n，1∶3×10^n，1∶4×10^n，1∶6×10^n

绘制同一机件的各个视图时应尽量采用相同的比例，当某个视图需要采用不同比例时，必须另行标注。

比例一般应标注在标题栏中的比例栏内。必要时，可在视图名称的下方或右侧标注比例。

1.2.3　字体(GB/T 14691—1993)

国家标准《技术制图》字体 GB/T 14691—1993 中，规定了汉字、字母和数字的结构形式。

书写字体有如下基本要求。

(1)图样中书写的汉字、数字、字母必须做到：字体端正、笔画清楚、排列整齐、间隔均匀。

(2)字体的大小以号数表示，字体的号数就是字体的高度(单位为 mm)。字体高度(用 h 表示)的公称尺寸系列为：1.8、2.5、3.5、5、7、10、14、20。如需要书写更大的字，其字体高度应按$\sqrt{2}$的比率递增。用作指数、分数、注脚和尺寸偏差数值，一般采用小一号字体。

(3)汉字应写成长仿宋体字，并应采用中华人民共和国国务院正式推行的《汉字简化方案》中规定的简化字。长仿宋体字的书写要领是：横平竖直、注意起落、结构均匀、填满方格。汉字的高度 h 不应小于 3.5 mm，其字宽一般为 $h/\sqrt{2}$。

(4)字母和数字分为 A 型和 B 型。字体的笔画宽度用 d 表示。A 型字体的笔画宽度 $d=h/14$，B 型字体的笔画宽度 $d=h/10$。字母和数字可写成斜体或直体。

(5)斜体字字头向右倾斜，与水平基准线成 75°。绘图时，一般用 B 型斜体字。在同一图样上，只允许选用一种字体。

如图 1.5、图 1.6 所示的分别是图样上常见字体和数字的书写示例。

字体工整　　笔画清楚　　间隔均匀　　排列整齐
横平竖直　　注意起落　　结构均匀　　填满方格

图 1.5　长仿宋字

0123456789 ABCDEFGHIJKLM NOPQRSTUVWXYZ

图 1.6　字母及数字书写示例

1.2.4　图线(GB/T 4457.4—1984)

绘制技术图样时，应遵循国标《技术制图 图线》的规定。

所有图线的图线宽度 d 应按图样的类型和尺寸大小在下列数系中选择：0.13 mm；0.18 mm；0.25 mm；0.35 mm；0.5 mm；0.7 mm；1 mm；1.4 mm；2 mm。

粗线、中粗线和细线的宽度比率为 4∶2∶1。

基本图线适用于各种技术图样。表1.4列出的是机械制图的图线形式及应用说明。图1.7所示为常用图线应用举例。

表1.4　图线的名称、形式、宽度及其用途

图线名称	图线形式	图线宽度	一般应用举例
粗实线	————————	d=0.25～2 电气图取小值	可见轮廓线、移出剖面的轮廓线、可见导线、简图主要内容
虚线	-------------------	约 $d/4$	不可见轮廓线、辅助线、屏蔽线、机械连接线
细实线	————————	约 $d/4$	尺寸线、尺寸界线、剖面线、引出线
细点画线	—·—·—	约 $d/4$	轴心线、中心线、对称中心线、结构围框线、功能围框线
细双点画线	—··—··—	约 $d/4$	假想投影投廓线、极限位置的轮廓线、相邻辅助零件的轮廓线、辅助围框线
波浪线	～～～～	约 $d/4$	断裂处的边界线、视图与剖视的分界线

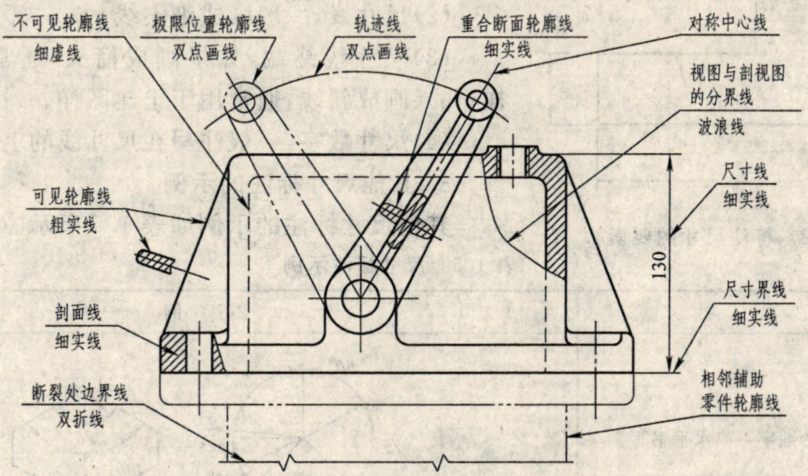

图1.7　图线应用举例

绘制图样时，应注意以下一些问题。

(1)同一图样中，同类图线的宽度应基本一致。虚线、点画线及双点画线的线段长短间隔应各自大致相等。

(2)两条平行线之间的距离应不小于粗实线的两倍宽度，其最小距离不得小于0.7mm。

(3)虚线及点画线与其他图线相交时，都应以线段相交，不应在空隙或点处相交；当虚线是粗实线的延长线时，粗实线应画到分界点，而虚线应留有空隙；当虚线圆弧和虚线直线相切时，虚线圆弧的线段应画到切点，而虚线直线需留有空隙。

(4)绘制圆的对称中心线(细点画线)时，圆心应为线段的交点。点画线和双点画线的首末两端应是线段而不是点，同时其两端应超出图形的轮廓线3～5 mm。在较小的图形上绘制点画线或双点画线有困难时，可用细实线代替。

1.2.5 尺寸注法(GB/T 4458.4—2003,GB/T 16675.2—1996)

物体的大小由所标注的尺寸确定。标注尺寸时,应严格遵守国家标准有关尺寸注法的规定,做到正确、完整、清晰、合理。

1. 基本规定

标注尺寸的基本规定如下。

(1)物体的真实大小应以图样上所注的尺寸数值为依据,与图形的大小及绘图的准确程度无关。

(2)图样中的尺寸以毫米为单位时,不需注明计量单位的代号或名称,如采用其他单位,则必须注明相应的计量单位的代号或名称。

(3)物体的每一尺寸,在图样中一般只标注一次,并应标注在反映该结构最清晰的图形上。

(4)图样中所注尺寸是该物体最后完工时的尺寸,否则应另加说明。

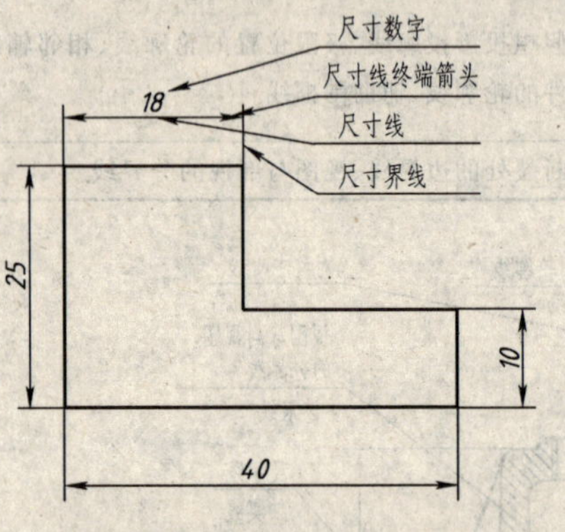

图 1.8　标注尺寸的要素

2. 标注尺寸的要素

标注尺寸应包括尺寸界线、尺寸线(包括尺寸线终端如箭头)和尺寸数字,如图 1.8 所示。

(1)尺寸界线,一般画成细实线。

(2)尺寸线,一般画成细实线。

(3)尺寸线终端,如果画成箭头,通常用于机械图样;如果画成斜线,通常用于土建图样。

(4)尺寸数字,一般注写在尺寸线的上方。

3. 其他尺寸标注的示例

其他尺寸标注的示例如表 1.5 所示。

表 1.5　尺寸标注示例

项目	说　明	图　例
角度的标注	角度的数字一律水平书写	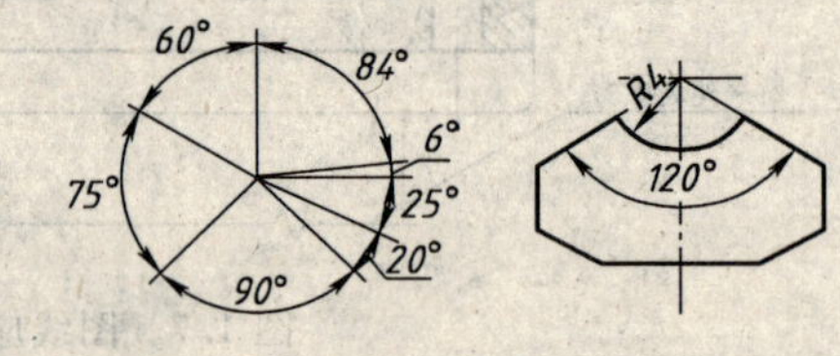
狭小位置的尺寸标注	用圆点代替箭头	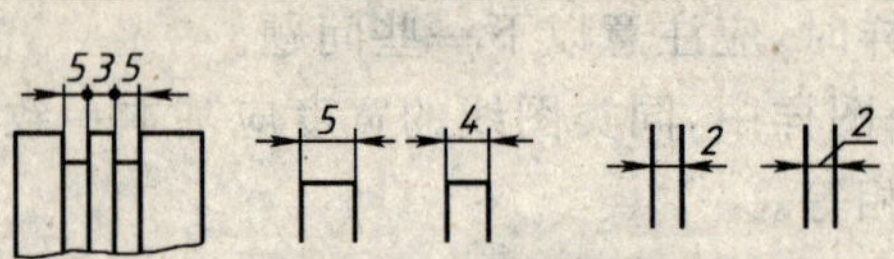
	小圆的尺寸标注	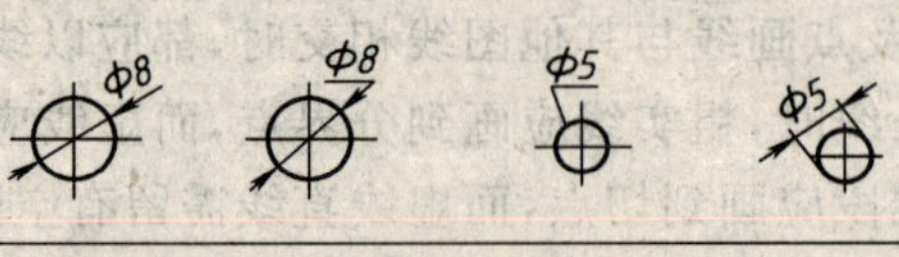
	小圆弧的尺寸注法	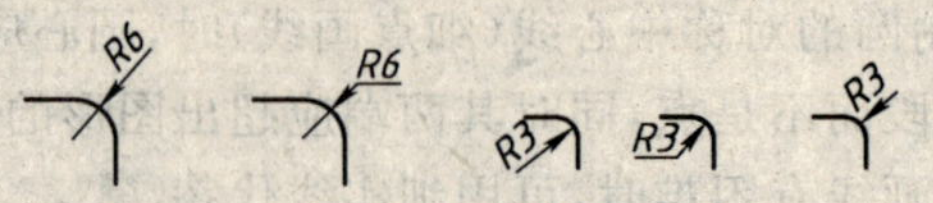

4. **尺寸的作用与类型**

尺寸按其作用分为两类。

1)定形尺寸

确定组成平面图形的各个部分形状大小的尺寸,称为定形尺寸,如线段的长度、圆的直径、圆弧的半径、角度大小等。如图 1.9 中的 15、ϕ5、ϕ20、R10、R12、R15、R50 都是定形尺寸。

2)定位尺寸

确定平面图形中各个组成部分之间相对位置的尺寸,称为定位尺寸。如图 1.9 中水平方向ϕ5 的定位尺寸为 8,R10 的定位尺寸由(75－10)间接得到。

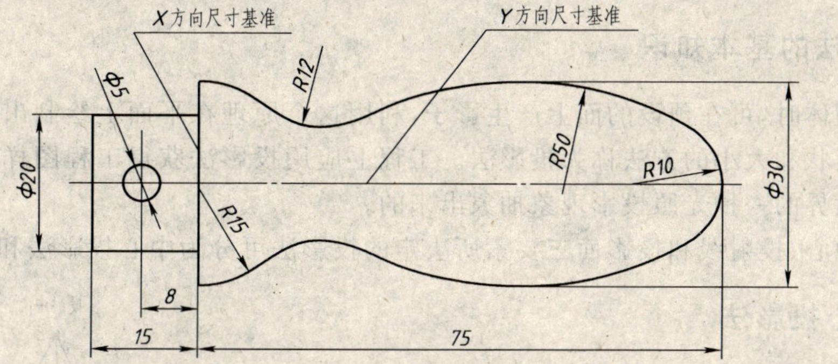

图 1.9　尺寸标注示例

5. **尺寸符号**

一些特殊结构的尺寸,应加注尺寸符号,以简化图样、帮助看图。几种常见的尺寸符号见表 1.6。

表 1.6　几种常见的尺寸符号

名称	符号	名称	符号	名称	符号
直径	ϕ	弧长	⌒	沉孔或锪平	⌴
半径	R	45°倒角	C	埋头孔	∨
球直径	$S\phi$	厚度	t	正方形	□
球半径	SR	深度	↧	均布	EQS

第 2 章　机械制图的基本技法

2.1　投影原理

2.1.1 投影法的基本知识

光照射物体时，可在预设的面上产生影子，利用这个原理在平面上绘制出物体的图像，以表示物体的形状和大小的方法称为投影法。工程上应用投影法获得工程图样的方法，是从日常生活中自然界的一种光照投影现象抽象出来的。

由投影中心、投射线和投影面三要素所决定的投影法可分为中心投影法和平行投影法。

2.1.2　中心投影法

如图 2.1 所示，投射线自投影中心 S 出发，将空间$\triangle ABC$ 投射到投影面 P 上，所得$\triangle abc$ 即为$\triangle ABC$ 的投影。这种投射线汇交一点的投影法称为中心投影法，所得投影称为中心投影。

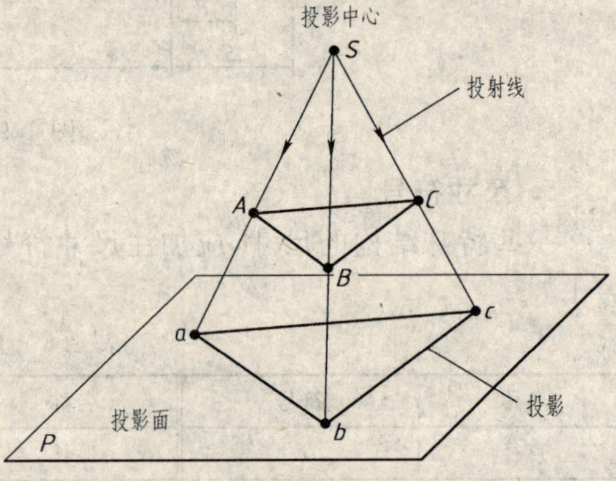

图 2.1　中心投影法

2.1.3　平行投影法

若将投影中心 S 移到离投影面无穷远处，则所有的投射线都相互平行，这种投射线相互平行的投影方法，称为平行投影法，所得投影称为平行投影。平行投影法中以投射线是否垂直于投影面分为正投影法和斜投影法。若投射线垂直于投影面，称为正投影法，所得投影称为正投影，如图 2.2(a)所示；若投射线倾斜于投影面，称为斜投影法，所得投影称为斜投影，如图 2.2(b)所示。

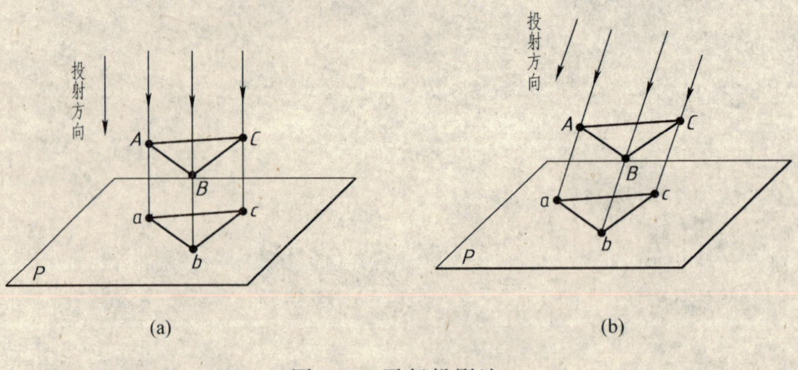

图 2.2　平行投影法

(a)正投影　(b)斜投影

2.2 三视图

根据有关标准和规定，用正投影法画出的物体图形称为视图。

如图 2.3 所示，设一直立投影面，把物体放在观察者和投影面之间，将观察者的视线视为一组互相平行，且与投影面垂直的投射线，对物体进行投射所得的正投影图，即物体在该投影面上的视图。

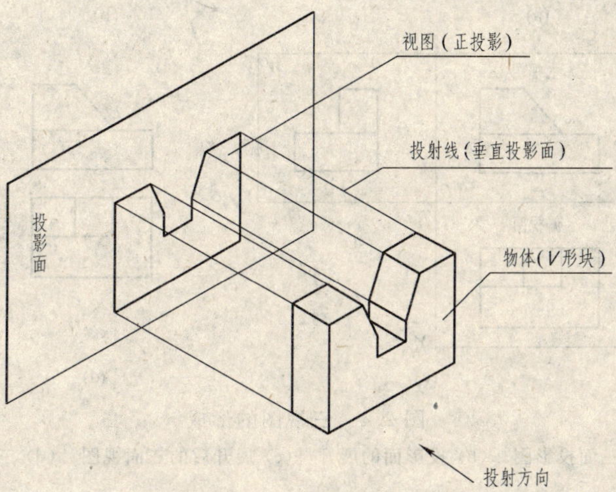

图 2.3 物体在投影面上的视图

2.2.1 三视图的形成

为了表达物体的形状，通常采用互相垂直的三个平面，建立一个三面投影体系：正投影面用 V 表示，水平投影面用 H 表示，侧投影面用 W 表示。将物体置于三面投影体系中，分别向三个投影面作正投影，可以得到物体的三个视图，如图 2.4(a)所示。三个视图分别称为主视图、俯视图和左视图。再将三面投影体系如图 2.4(b)中箭头方向展开，使主、俯、左视图所在的投影面处在同一个平面上，即形成三视图的配置关系，如图 2.4(c)所示。通常作物体的三视图时，投影轴可省略，如图 2.4(d)所示。国家标准《机械制图》规定，如图 2.4(d)所示位置配置三视图时，一律不标注视图的名称。

2.2.2 三视图的投影规律

如果将三面投影体系中 X 轴方向作为长度方向，Y 轴方向作为宽度方向，Z 轴方向作为高度方向，那么在三视图中就反映了物体的方位关系和尺寸关系，如图 2.5 所示。

主视图确定了物体的上、下和左、右的方位关系，同时反映了物体的长度和高度。俯视图确定了物体的左、右和前、后的方位关系，同时反映了物体的长度和宽度。左视图确定了物体的前、后和上、下的方位关系，同时反映了物体的宽度和高度。由此可以总结出物体的三视图的投影规律为：主、俯视图长对正；主、左视图高平齐；俯、左视图宽相等。简称“长对正、高平齐、

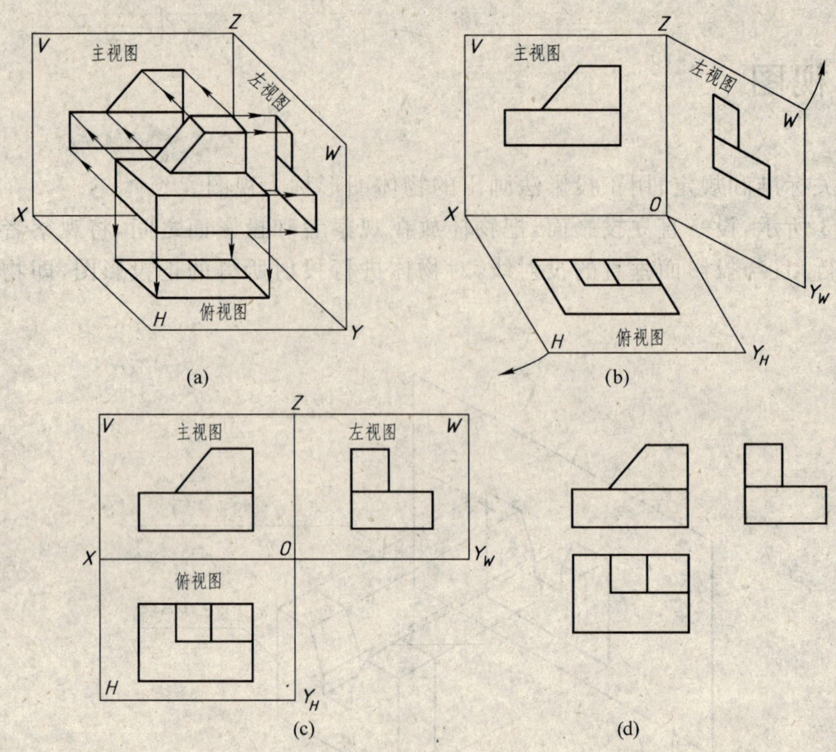

图 2.4　三视图的形成

（a）三面投影图　（b）投影面的展开　（c）展开后的三面视图　（d）三视图

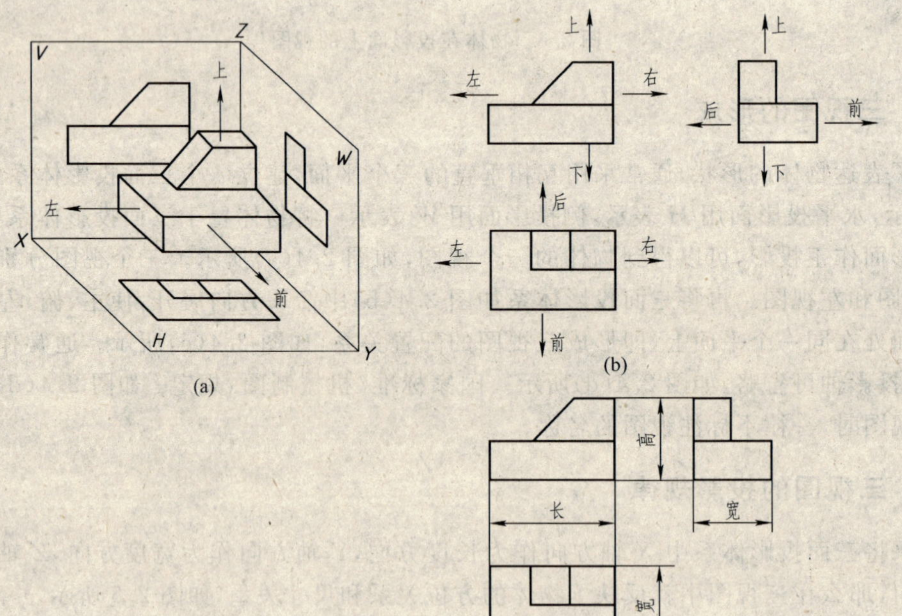

图 2.5　三视图的投影关系

（a）物体的方位　（b）三视图中的方位关系　（c）三视图中的尺寸关系

宽相等”。这个投影规律不仅适应三视图的整体，而且也适用于三视图中的任何部分。

2.3 点的投影

2.3.1 点的标记

点的投影仍然是点。图 2.6(a)中空间点 A 向三个投影面投射分别得到 A 点的三个投影 a 、a'、a''。通常规定空间点用大写字母如 A 、B 、C、……表示。H 面投影用相应的小写字母 a 、b 、c、……表示；V 面投影用小写字母在右上角加一撇如 a'、b'、c'、……表示；W 面投影用小写字母在右上角加两撇如 a''、b''、c''、……表示。

2.3.2 已知点的两个投影求第三投影

从图 2.6(a)中可以看出，A 点到 W 面的距离为 X 坐标，A 点到 V 面的距离为 Y 坐标，A 点到 H 面的距离为 Z 坐标。图 2.6(b)为 A 点的三面投影图，从图中可以看出，空间点在某一投影面上的投影位置由该点两个相应的坐标值所决定。由此可见，空间点的任意两个投影，就确定了该点的三个坐标值。因此，若已知某点的任何两个投影，都可以根据“长对正、高平齐、宽相等”的投影规律求出该点的第三个投影。如图 2.6(c)中已知 A 点的投影 a 和 a'，就可以按图中箭头所示求得 a''。

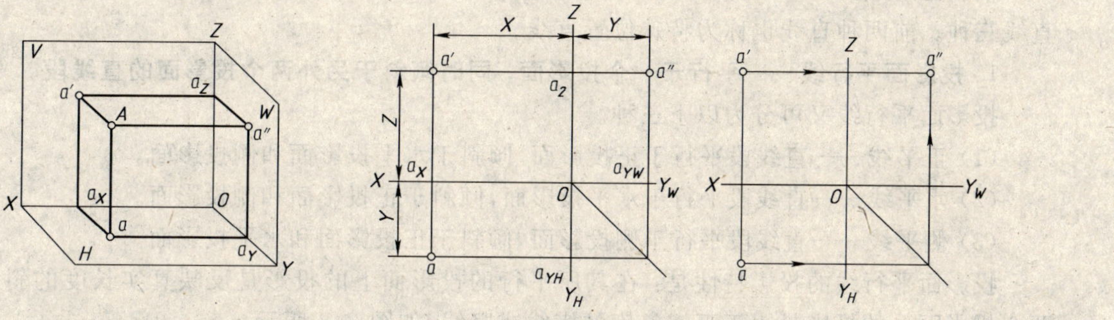

(a) (b) (c)

图 2.6 点的三面投影与空间坐标

(a) 直观图 (b) 三面投影图 (c) 已知点的两个投影求第三投影

2.3.3 重影点的可见性判别

空间两点在某一投影面上的投影重合称为重影，这两个点称为对该投影面的重影点。两点重影时，远离投影面的一点为可见，另一点为不可见，并规定在不可见点的投影符号外加括号表示，如图 2.7(a)所示。重影点的可见性可以根据该两点的另两个投影来判别。如在图 2.7(b)中，从 V 面投影可知，A 点在 B 点之上，因而可判别出在 H 面投影中 a 为可见，b 为不可见。

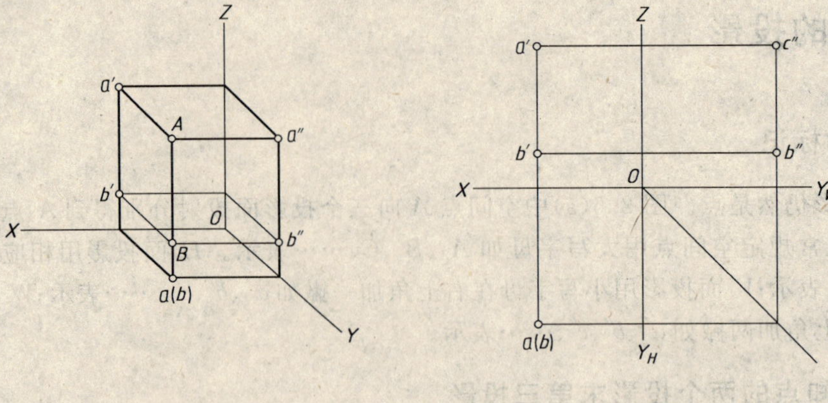

(a) (b)

图 2.7 重影点的可见性判别

(a) 直观图 (b) 三面投影图

2.4 直线段的投影

根据空间线段对三个投影面的不同位置,可分为投影面平行线、投影面垂直线和一般位置直线三种。前两种直线也称为特殊位置直线。

1. 投影面平行线——平行于一个投影面,同时倾斜于另外两个投影面的直线段

投影面平行线又可分为以下三种。

(1) 正平线——直线段平行于正投影面,倾斜于水平投影面和侧投影面。

(2) 水平线——直线段平行于水平投影面,倾斜于正投影面和侧投影面。

(3) 侧平线——直线段平行于侧投影面,倾斜于正投影面和水平投影面。

投影面平行线的投影特性是:在其所平行的投影面上的投影是反映真实长度的斜线,另两个投影面上的投影是小于真实长度的横线或竖线,如图 2.8 所示。

2. 投影面垂直线——垂直于一个投影面,同时平行于另外两个投影面的直线段

投影面垂直线又可分为以下三种。

(1) 正垂线——直线段垂直于正投影面,平行于水平投影面和侧投影面。

(2) 铅垂线——直线段垂直于水平投影面,平行于正投影面和侧投影面。

(3) 侧垂线——直线段垂直于侧投影面,平行于水平投影面和正投影面。

投影面垂直线的投影特性是:在其所垂直的投影面上的投影积聚为一点,另两个投影面上的投影是反映真实长度的横线或竖线,如图 2.9 所示。

3. 一般位置直线——对三个投影面均处于倾斜位置的直线段

一般位置直线的投影特性是:在三个投影面上的投影均为小于真实长度的斜线,如图 2.10 所示。

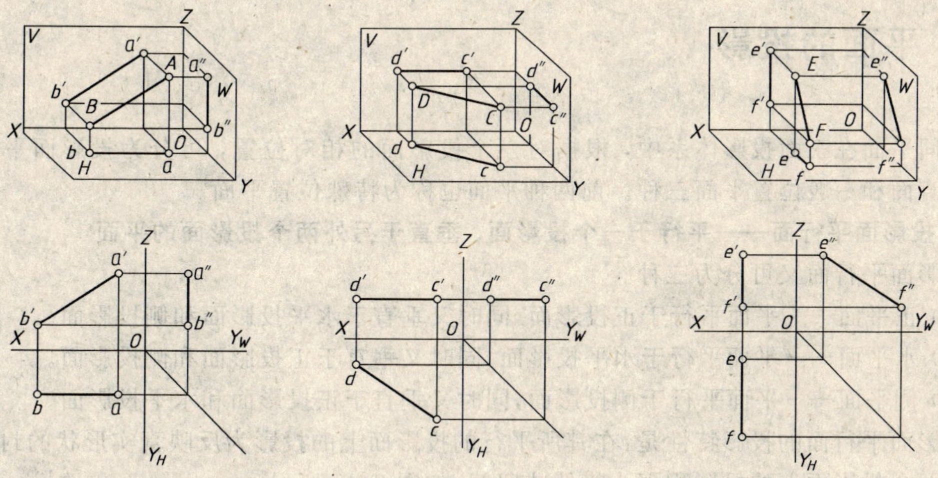

(a) (b) (c)

图 2.8 投影面平行线

(a)正平线 (b)水平线 (c)侧平线

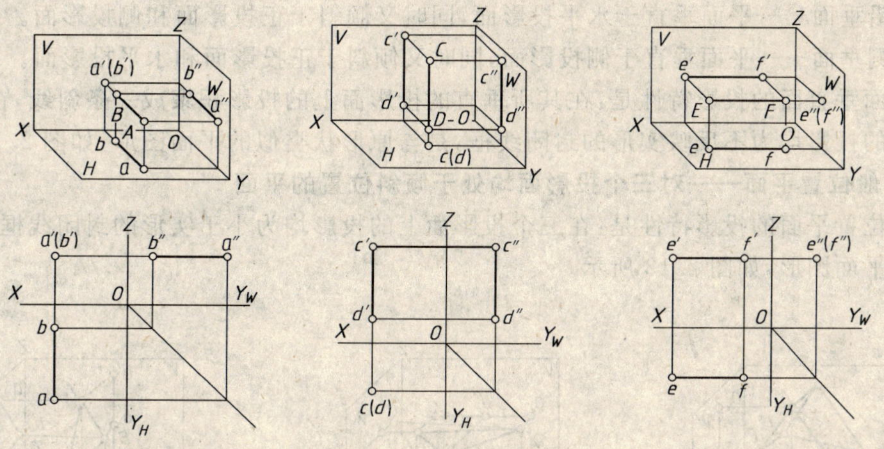

(a) (b) (c)

图 2.9 投影面垂直线

(a)正垂线 (b)铅垂线 (c)侧垂线

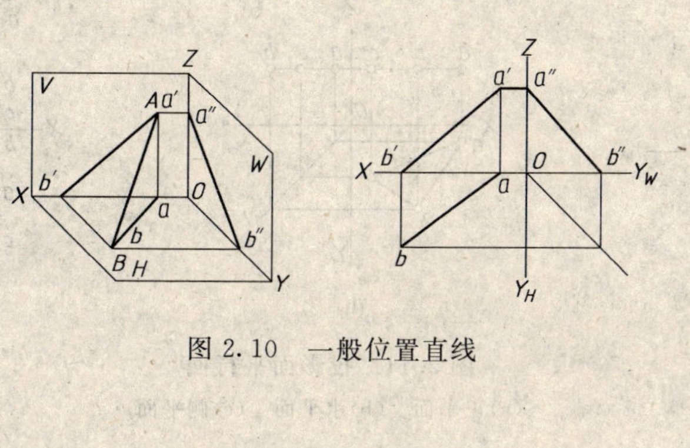

图 2.10 一般位置直线

2.5 平面的投影

空间平面在三面投影体系中，根据对三个投影面的相对位置，可分为投影面平行面、投影面垂直面和一般位置平面三种。前两种平面也称为特殊位置平面。

1. 投影面平行面——平行于一个投影面，垂直于另外两个投影面的平面

投影面平行面又可分为三种。

(1) 正平面——平面平行于正投影面,同时又垂直于水平投影面和侧投影面。

(2) 水平面——平面平行于水平投影面,同时又垂直于正投影面和侧投影面。

(3) 侧平面——平面平行于侧投影面,同时又垂直于正投影面和水平投影面。

投影面平行面的投影特性是:在其所平行的投影面上的投影为反映真实形状的封闭线框,在另外两个投影面上的投影积聚为横线或竖线,如图 2.11 所示。

2. 投影面垂直面——垂直于一个投影面，倾斜于另外两个投影面的平面。

投影面垂直面又可分为三种。

(1) 正垂面——平面垂直于正投影面,同时又倾斜于水平投影面和侧投影面。

(2) 铅垂面——平面垂直于水平投影面,同时又倾斜于正投影面和侧投影面。

(3) 侧垂面——平面垂直于侧投影面,同时又倾斜于正投影面和水平投影面。

投影面垂直面的投影特性是:在其所垂直的投影面上的投影积聚成一条斜线,在另外两个投影面上的投影均为不反映实形的封闭线框,是与原形状类似的平面图形,如图 2.12 所示。

3. 一般位置平面——对三个投影面均处于倾斜位置的平面

一般位置平面的投影特性是:在三个投影面上的投影均为小于实形的封闭线框,是与原形状类似的平面图形,如图 2.13 所示。

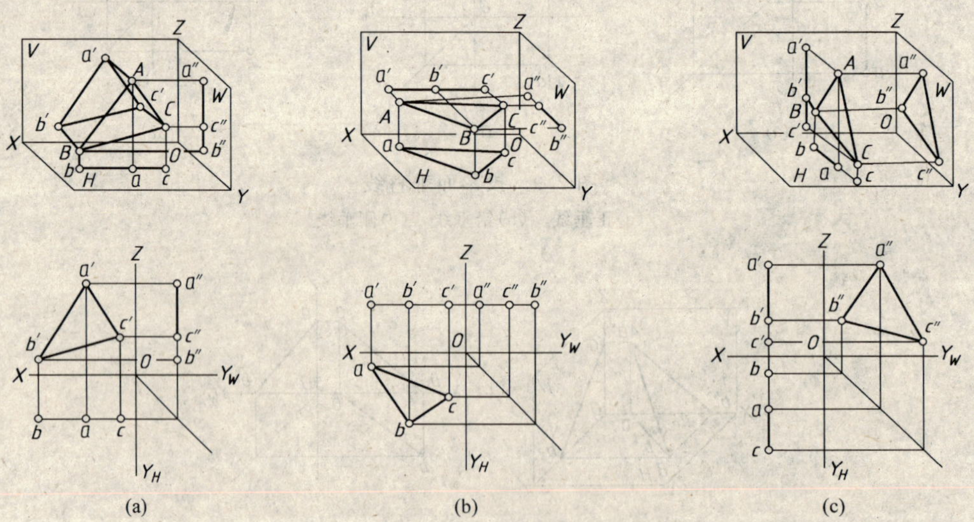

(a) (b) (c)

图 2.11 投影面平行面

(a)正平面 (b)水平面 (c)侧平面

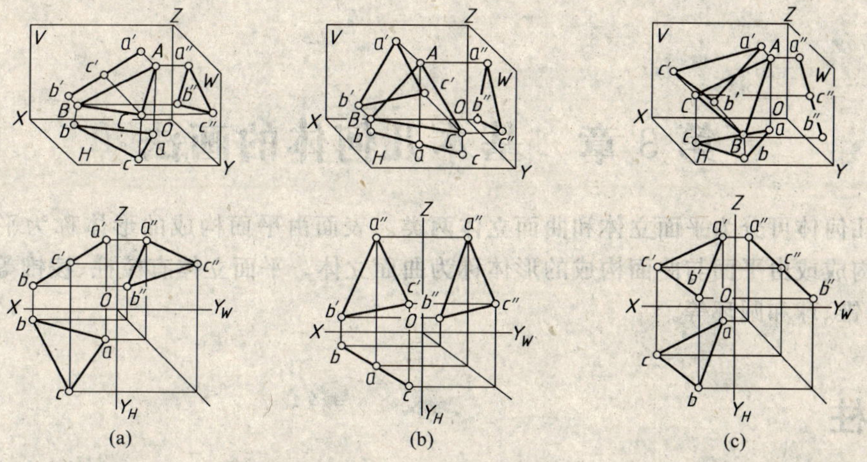

图 2.12　投影面垂直面

(a)正垂面　(b)铅垂线　(c)侧垂线

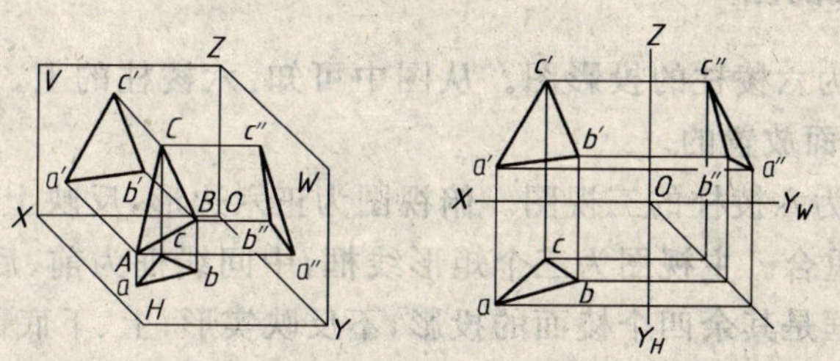

图 2.13　一般位置平面

空间平面的三视图特征及其投影特性，取决于空间平面在三面投影体系中的相对位置，现归纳于表 2.1 中。

表 2.1　空间平面的三视图特征及其投影特性

空间平面名称	三视图特征投影	特　征
投影面平行面	一框二线(横线、竖线)	真实性、积聚性
投影面垂直面	二框一线(斜线)	类似性、积聚性
一般位置平面	三框类	类似性

空间平面的三视图特征及其投影特性，是投影分析的理论基础，在看图和绘图实践中必须熟练地掌握和运用。

第 3 章　基本几何体的画法

基本几何体可分为平面立体和曲面立体两类。表面由平面构成的形体称为平面立体;表面由曲面构成或由平面与曲面构成的形体称为曲面立体。平面立体有棱柱、棱锥等;曲面立体有圆柱、圆锥、球和圆环等。

3.1 棱柱

3.1.1　六棱柱的三视图

如图 3.1(a)所示为六棱柱的投影图。从图中可知:六棱柱的上、下底面是平行于 H 面,前、后棱面是平行于正面放置的。

如图 3.1(b)所示为六棱柱的三视图。俯视图为正六边形,反映上、下底面的实形;六个棱面与正六边形的各边重合。主视图为三个矩形线框,中间线框为前、后两个棱面的投影,且反映实形;左、右两个线框是其余四个棱面的投影,不反映实形;上、下底面在主视图上积聚成上、下两条横线。左视图为两个矩形线框,前、后两个棱面积聚为左、右两条竖线;其余四个棱面的投影为两个矩形线框,不反映实形;上、下底面积聚为上、下两条横线。

由此可得出棱柱三视图的特征是:当棱柱的底面平行于某个投影面时,棱柱在该投影面上的视图为与其底面全等的多边形线框,另外两个视图则由若干个相邻的矩形线框组成。

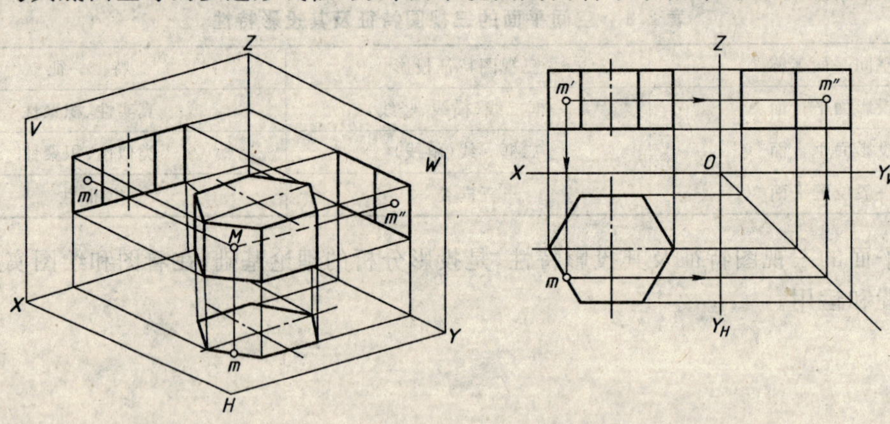

(a)　　(b)

图 3.1　六棱柱

(a)投影图　(b)三视图

3.1.2 六棱柱表面上点的投影分析

立体表面上的点，其投影一定位于该立体表面的同面投影上，如图 3.1(a)所示。因此，求表面上点的投影，可以利用积聚性和投影规律来作图。

如图 3.1(b)所示，已知 M 点的 V 面投影 m'，求 M 点的 H 面投影 m 和 W 面投影 m''。

分析：m' 为可见点的投影，M 点必处在六棱柱的左前棱面上。

作图：根据积聚性，按箭头方向在俯视图上求得 m，再根据投影规律，如图中箭头所示，求得 m''。

如果 M 点在右前棱面上，则左视图上的 m'' 处于不可见表面上，这时应加括号。

3.2 棱锥

3.2.1 三棱锥的三视图

如图 3.2(a)所示为一正三棱锥的投影图，图中底面 ABC 平行于 H 面，其中 AC 边垂直 W 面放置。

如图 3.2(b)所示为三棱锥的三视图。俯视图外框是三角形，反映底面实形；外框内三个三角形，是三个侧面的投影，不反映实形。主视图为两个相邻的三角形线框，是侧面 SAB、SBC 的投影，不反映实形；主视图的外线框反映侧面 SAC 的投影为不可见，也不反映实形；底面在主视图上积聚为一条横线。左视图是一个三角形线框，为侧面 SAB 和 SBC 的投影，前者可见，后者不可见，均不反映实形；侧面 SAC 积聚为一条斜线；底面积聚为一条横线。

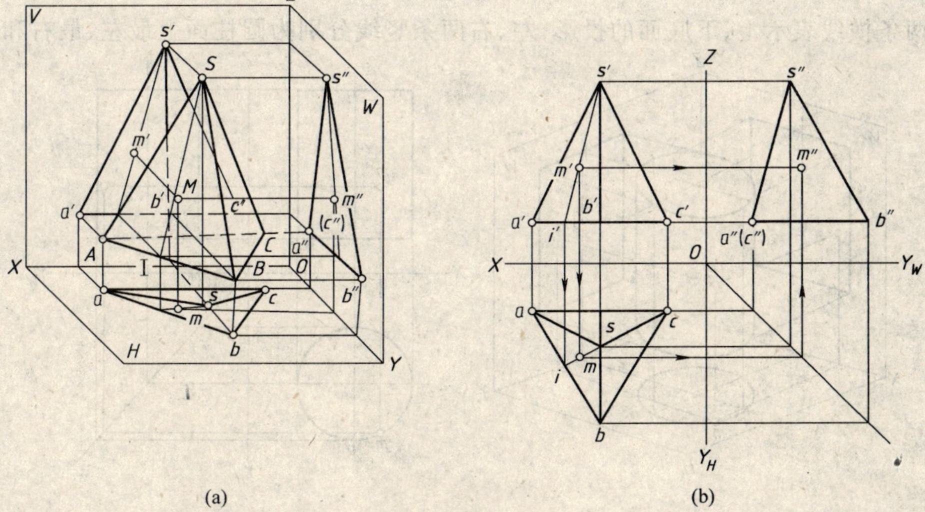

图 3.2 三棱锥

(a)投影图 (b) 三视图

由此可得出棱锥的三视图特征是：当棱锥的底面平行于某一投影面时，则棱锥在该投影面上的视图外轮廓为与其底面全等的多边形线框，其他两个视图均为有若干个相邻的三角形所组成的线框，且外框也为三角形。

3.2.2 三棱锥表面上点的投影分析

组成三棱锥的表面有特殊位置平面，又有一般位置平面。如果点所在的表面为特殊位置平面，可根据积聚性的投影规律直接求得；如果点所在表面为一般位置平面，则可选取适当的辅助直线作图，称为辅助线法。作图的依据是：平面上的点必定在平面上并通过该点的一直线上，则该点的投影也必定在这条直线的投影上。

如图 3.2(b)所示，已知 M 点的正面投影 m'，求水平投影 m 及侧面投影 m''。

分析：因为投影 m'为可见，所以 M 点处在左前的一般位置平面 SAB 上。

作图：通过 m'作一辅助线，连 s'和 m'，并延长至 i'，即得辅助线 SI 的正面投影 $s'i'$，按箭头所示求得 SI 的水平投影 si。根据投影规律，在 si 上求得 M 点的水平投影 m；再按箭头所示，由 m'和 m 求得侧面投影 m''。因为 M 点在 SAB 上，$s''a''b''$可见，则 m''也可见。

3.3 圆柱

3.3.1 圆柱的三视图

如图 3.3(a)所示为圆柱的投影图，图中圆柱的上、下底面平行于 H 面，轴线垂直于 H 面放置。

如图 3.3(b)所示为圆柱的三视图。俯视图反映上、下底面圆的实形，圆柱面在俯视图上的投影积聚成一个圆，与上、下底圆周重合。圆柱的主视图和左视图是两个相同的矩形，它们的上、下两条横线表示上、下底面的投影，左、右两条竖线分别为圆柱面上最左、最右和最前、最

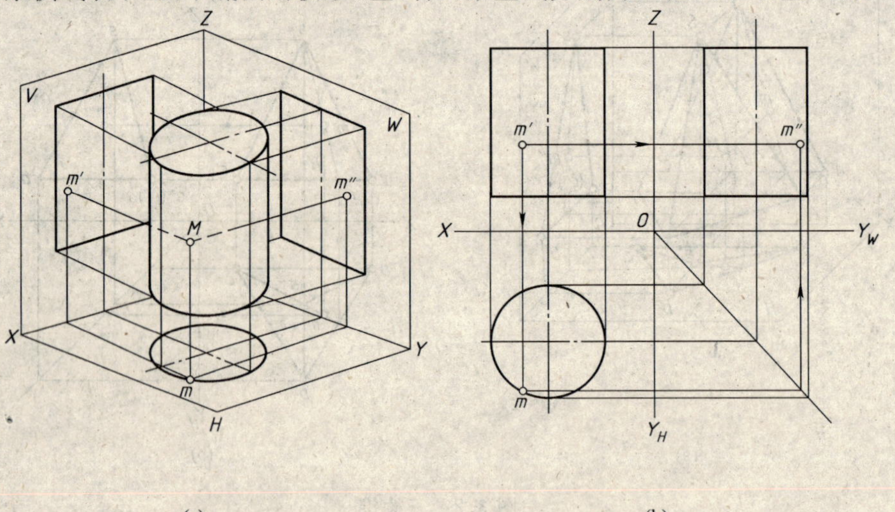

(a) (b)

图 3.3 圆柱

(a)投影图 (b)三视图

后竖线的投影。这四条竖线称为转向轮廓线，转向轮廓线一般是回转面的可见部分与不可见部分的分界线。

由此可得出圆柱的三视图特征是：当圆柱的轴线垂直于某一投影面时，在该投影面上的视图为圆形线框，另外两个视图为全等的矩形线框。

3.3.2 圆柱表面上点的投影分析

圆柱表面上任何一点都处在相应的一条素线上。

如图 3.3(b)所示，已知点 M 的正面投影 m'，求水平投影 m 和侧面投影 m''。

分析：m'是位于主视图左方一个可见点的投影，则 M 点必在前半个圆柱面的左半部上。

作图：根据积聚性，如箭头所示直接求得水平投影 m 。再根据投影规律，由 m'和 m 如箭头所示求得 m''。因 M 点在圆柱面的左半部，则 m''可见。

3.4 圆锥

3.4.1 圆锥的三视图

如图 3.4(a)所示为圆锥的投影图，图中圆锥的轴线垂直于 H 面，底面平行于 H 面放置。

如图 3.4(b)所示为圆锥的三视图。俯视图为一个圆形线框，它是底面的投影并反映实形，因为圆锥面上所有素线都倾斜于水平面，所以这个圆也是圆锥表面的投影。主视图和左视图是两个全等的等腰三角形线框，底边是圆锥底面的投影，两腰是圆锥面的转向轮廓线的投影。主视图上的两腰是圆锥面上最左、最右两条素线的投影，它把圆锥面分成前、后两个部分，前面可见，后面不可见。左视图上的两腰是圆锥面上最前、最后素线的投影，它把圆锥面分成左、右两部分，左面可见，右面不可见。

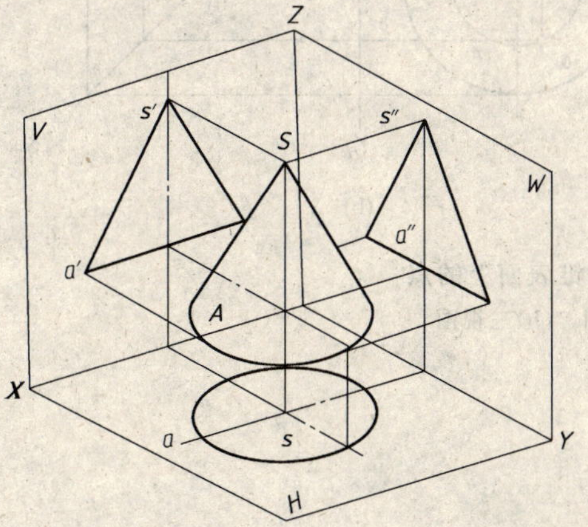

(a)

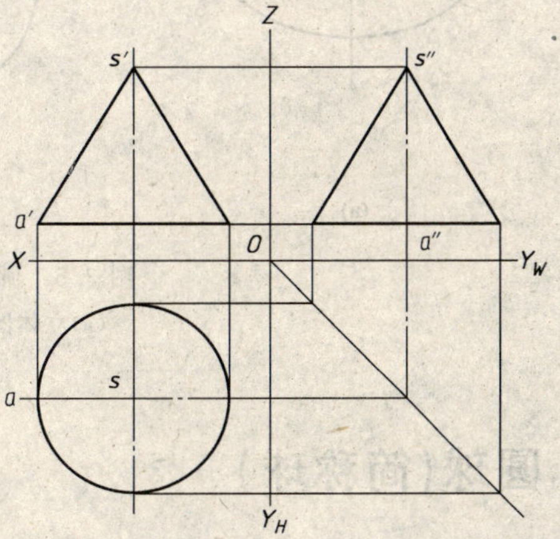

(b)

图 3.4 圆锥

(a)投影图 (b) 三视图

由此可得出圆锥的三视图特征是：当圆锥轴线垂直于某一投影面时，在该投影面上的视图为一个与底面全等的圆形线框，而另外两个视图均为等腰三角形线框。

3.4.2 圆锥表面上点的投影分析

A 点为圆锥表面上的点，已知 A 点的正面投影 a'，求其余两面投影 a 及 a''，如图 3.5 所示。

分析：图中 a' 为可见点的投影，且在中心线的左边，则 A 点处于前半个圆锥面的左边。因圆锥面的三个投影都没有积聚性，所以不能直接求得表面上点的投影，一般采用辅助素线法或辅助平面法作图，这里介绍常用的辅助平面法。

作图：过 A 点作一个垂直于轴线的平面为辅助平面，该平面与圆锥表面的交线是一个圆。

图 3.5(a)中圆锥轴线为铅垂线，辅助平面为水平面，交线为一水平圆。在图 3.5(b)中过 a' 作一与轴线垂直的直线，它与圆锥正面投影的交点 b' 和 c' 之间的距离即为交线水平圆的直径。在俯视图中，以 $b'c'$ 为直径作圆，该圆为交线的水平投影，在此圆上求出 a，再根据投影规律由 a' 和 a 求出 a''。作图过程如图 3.5(b)中箭头所示。

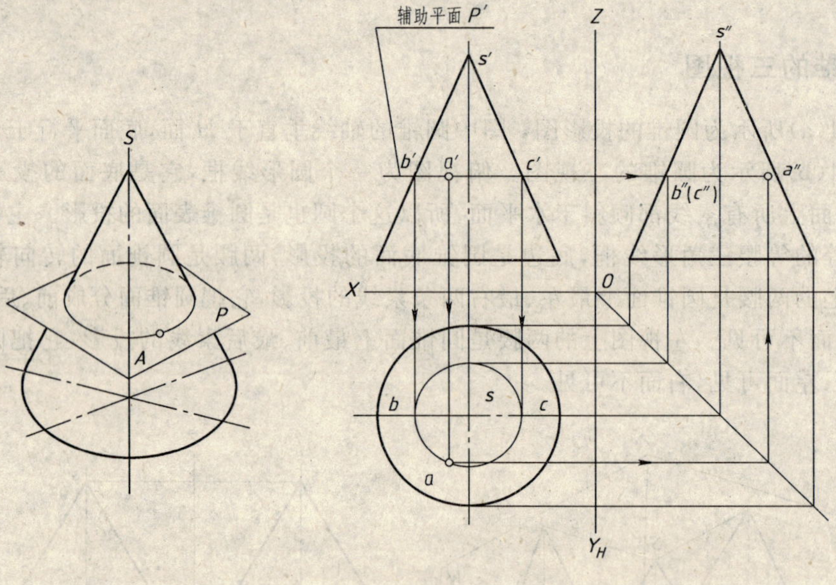

图 3.5 圆锥表面上的点

(a)立体图 (b)三视图

3.5 圆球(简称球)

如图 3.6(a)所示为圆球的投影图。圆球的三个视图均为与圆球直径相等的圆，它们分别是圆球表面三个方向的转向轮廓线的投影，如图 3.6(b)所示。

3.5.1　圆球的三视图

主视图的轮廓线 a' 是球面上平行于正面的最大圆 A，它是前、后半球的分界线，前半球面可见，后半球面不可见。俯视图和左视图的轮廓线也可作类似的分析。

由此可以得出圆球的三视图特征是：球的三面投影都是与圆球的直径相等的圆形线框。

3.5.2　圆球表面上点的投影分析

在图 3.6(b)中，已知球面上点 M 的水平投影 m，求其余两面投影 m' 和 m''。

分析：图中 m 为可见点的投影，则 M 点位于上半球面的左前方。

作图：过 M 点作平行于正投影面的辅助平面（也可以作平行于水平投影面或侧投影面的辅助平面），该辅助平面与球面的交线为正平圆，正面投影反映该圆的实形，水平投影积聚为一条直线。图中，过 m 点作平行于 X 轴的横线，交圆的轮廓线于 1、2 两点，以线段 12 的长度为直径在主视图上作圆，并在该圆上求得 m'，由 m 和 m' 求得 m''，作图过程如图中箭头所示。M 点在前半球，m' 可见；M 点也在左半球，m'' 也可见。

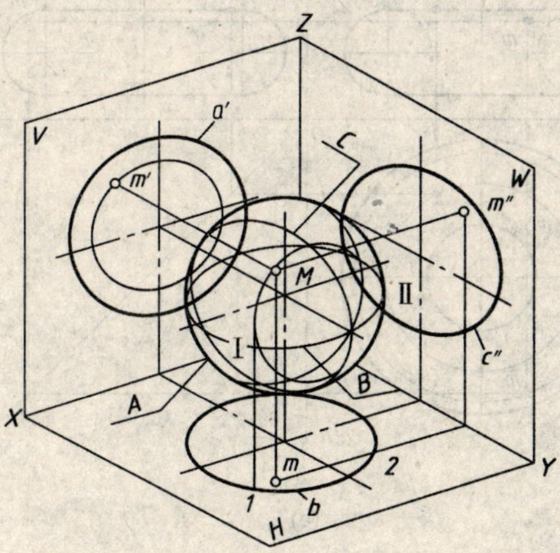

(a)

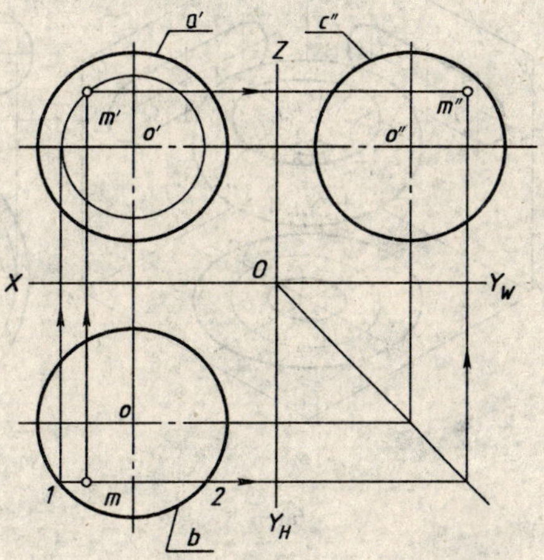

(b)

图 3.6　圆球

(a) 投影图　(b) 三视图

3.6　圆环

3.6.1　圆环的三视图

如图 3.7(a)所示为圆环的投影图，图中的圆环是由一个正平圆绕圆外一条铅垂线旋转而形成的。

如图 3.7(b)所示为圆环的三视图。主视图中左、右两个圆是平行于正投影面的两个圆的正面投影,上、下两条切线是圆环面上最高圆和最低圆的正面投影。左视图中左、右两个圆是平行于侧投影面的两个圆的侧面投影,上、下两条切线是圆环面上最高圆和最低圆的投影。俯视图上的两个实线圆是圆环面上最大和最小纬圆的投影,点画线圆表示母线圆心旋转而形成的轨迹的水平投影。

3.6.2 圆环表面上点的投影分析

已知圆环面上 M 点的正面投影 m',求作水平投影 m 及侧面投影 m'',如图 3.7(b)所示。

分析:m'为可见点的投影,所以 M 点在外环面的前、左上部,可采用在环面上过 M 点作一水平辅助圆的方法求点。

作图:过 m'作一水平线 $1'2'$,该线为水平辅助圆在正投影面上的积聚投影。再以 $1'2'$为直径作出辅助圆在水平投影面的投影,并求得 m 。再由 m 及 m'求得 m''。由于 M 点在外环面上半部的左方,所以投影 m 及 m''均为可见。作图过程如图中箭头所示。N 点的投影读者可自行分析。

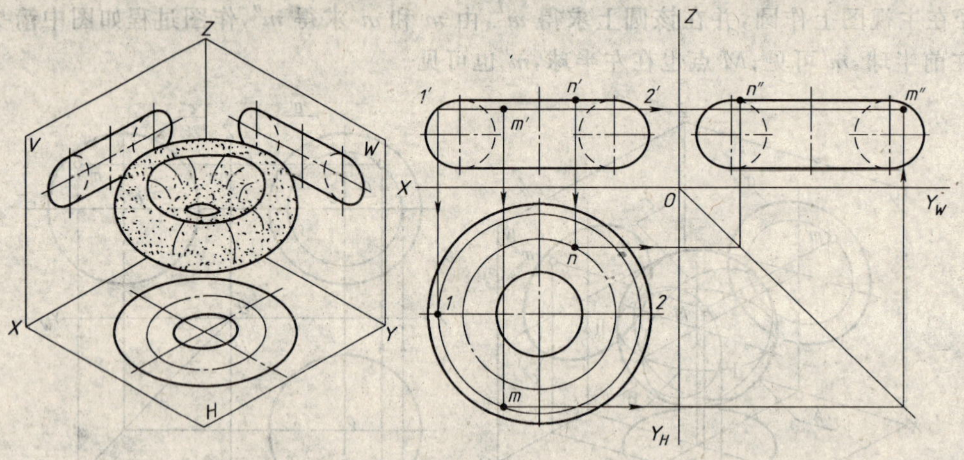

(a) (b)

图 3.7 圆环

(a)投影图 (b)三视图

3.7 截交线和相贯线

3.7.1 截交线

任何零件都是由基本几何体组成的,根据结构需要,通常要将基本几何体截去一部分,这种由截平面截切几何体产生的表面交线称为截交线。

1. 六棱柱的截交线

平面立体被一个截平面所截,截交线即为截平面与各被截棱线交点的连线,它是一个平面多边形,其边数取决于截平面截切平面立体的棱面数。因此,求平面立体的截交线,其实质就是求截平面与被截平面立体的各棱线的交点,然后依次连接各交点而得。

已知六棱柱被一个水平面和一个正垂面所截,如图 3.8(a)所示。已知主视图求作俯视图和左视图中截交线的投影，如图 3.8(b)所示。

分析：六棱柱被水平面截切，截交线为三角形，其端点为 A、B、H；正垂面截切六棱柱，截交线为七边形，其端点为 B、C、D、E、F、G、H。两个截平面的交线为 BH，其中 A、C、D、E、F、G 在棱线上，B、H 在铅垂面上。

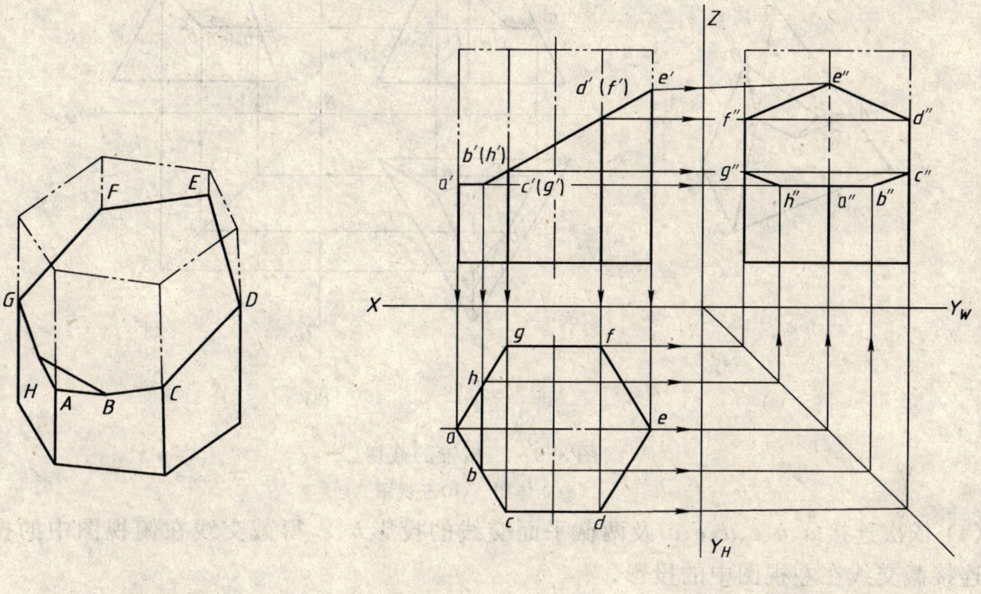

(a)　　(b)

图 3.8　六棱柱的截切

(a) 立体图　(b) 三视图

作图：棱线上的点 A、C、D、E、F、G，可由正面投影 a'、c'、d'、e'、f'、g'，直接求得其水平投影 a、c、d、e、f、g 及侧面投影 a''、c''、d''、e''、f''、g''。B、H 点处在铅垂面上，根据积聚性，由 b'、h' 可求得 b、h，再根据投影规律求得 b''、h''。依次连接各端点，即可求得截交线的另两面投影。作图过程如图 3.8(b)中箭头所示。

2. 三棱锥的截交线

如图 3.9(a)中的三棱锥被一个水平面和一个正垂面所截切。已知主视图，求作俯、左视图中截交线的投影，如图 3.9(b)所示。

分析：图 3.9(a)中，水平面截切三棱锥，得截交线三角形 ABE；正垂面截切三棱锥，截交线为四边形 $BCDE$。两个截平面的交线为 BE，其中点 A、C、D 处在三条棱线上，点 E 处在侧垂面上，点 B 处在一般位置平面上。两截平面交线 BE 为正垂线。

作图：

(1) 棱线上的点 A、C、D，根据主视图上的投影 a'、c'、d'可直接求得另两面投影 a、c、d 及 a''、c''、d''，如图 3.9(b)中箭头所示。

(2) 侧垂面在左视图上有积聚性，点 E 由(e') 可直接求得(e'')，再由(e') 和(e'') 求得 e，如图 3.9(b)中箭头所示。

(3) 一般位置平面上的点 B，可用辅助线法求得。过 a 作底边的平行线 af，由 b'求得 b，再由 b、b'求得 b''，如图 3.9(b)中箭头所示。

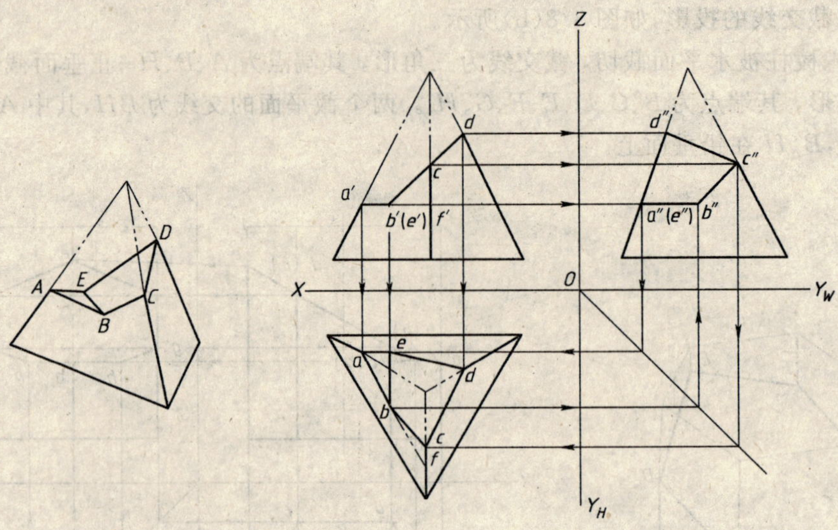

(a)　　　(b)

图 3.9　三棱锥的截切

(a)立体图　(b)三视图

(4) 依次连接 a、b、c、d、e、a 及两截平面交线的投影 b、e，得截交线在俯视图中的投影；再依次连接截交线在左视图中的投影。

3. 圆柱的截交线

1) 圆柱截交线的三种形式

截平面截切圆柱，由于截平面与圆柱轴线的相对位置不同，可形成三种形状不同的截交线，如表 3.1 所示。

表 3.1　圆柱的截交线

轴测图	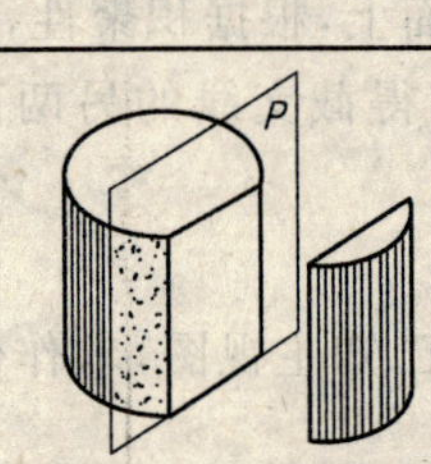	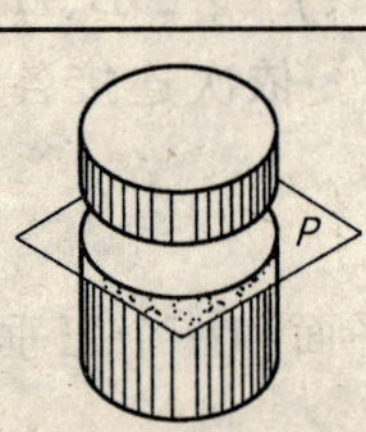	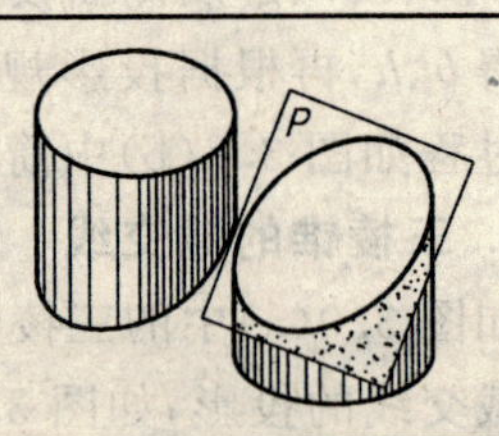
投影图	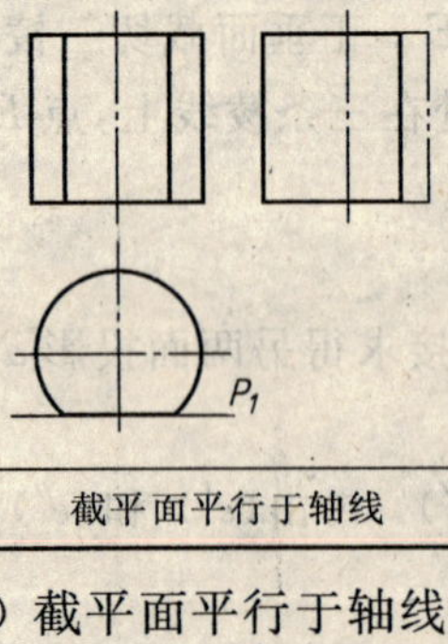	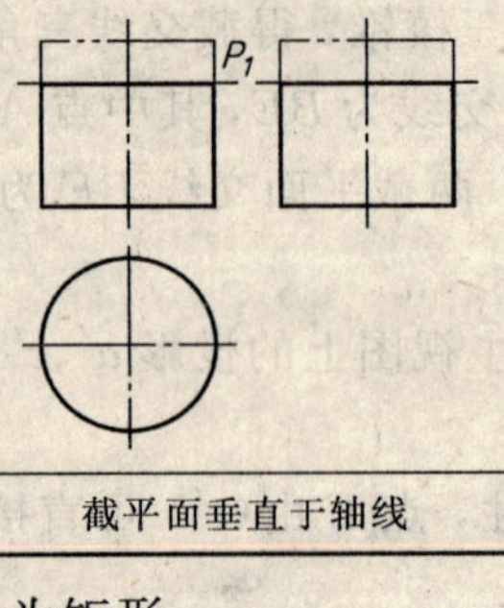	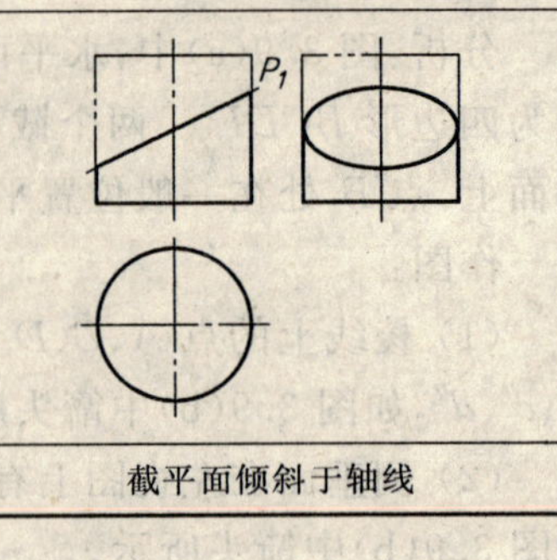
说明	截平面平行于轴线	截平面垂直于轴线	截平面倾斜于轴线

(1) 截平面平行于轴线，截交线为矩形。

(2) 截平面垂直于轴线，截交线为圆。

(3) 截平面倾斜于轴线，截交线为椭圆。椭圆的大小与截平面的倾斜角度有关。

2)圆柱被截切的投影分析

圆柱的截切形式很多,有时也较复杂,但作图的基本原理是一样的。

如图 3.10 所示为圆柱被截切的三种形式,它们的截平面与轴线的相对位置采用的都是平行面和垂直面,所形成的截交线在左视图上的投影基本相同,而主、俯视图因截切位置的不同而有所变化。在作圆柱的截交线时,要注意首先按投影规律求出截交线的位置和范围,另外还应注意截交线的可见性判别及转向轮廓线的有无。如图 3.10(a)、(b)的三视图中,它们的左视图相同,但从主观图上可以看出两个圆柱的截切位置是不一样的,所以在图 3.10(a)的俯视图上,截交线的投影全部可见,前、后的转向轮廓线全部画出。而在图 3.10(b)的俯视图中,截交线的投影就不能全部看到,前、后的转向轮廓线在切口处已被切去,就不应画出。

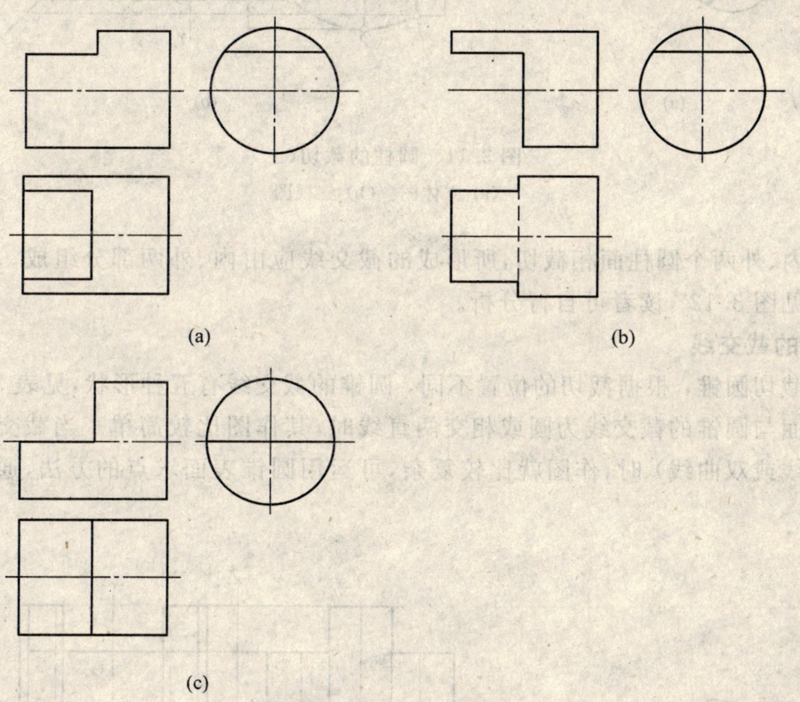

图 3.10 圆柱的截切(一)

如图 3.11 所示为圆柱被一个与轴线平行的水平面和一个与轴线倾斜的正垂面所截切。已知主、左视图,求作俯视图中截交线的投影。

通过分析可知,截平面与圆柱轴线平行时,它与圆柱的截交线为矩形,按图中箭头可直接求得。截平面倾斜于圆柱轴线时,截交线为椭圆,可按下列步骤作图。

(1) 首先在有积聚性的主、左视图上找出特殊位置点,即最高点Ⅳ的投影 4′和 4″,最前和最后点Ⅱ、Ⅵ的投影 2′、(6′) 和 2″、6″,最低点Ⅰ和Ⅶ的投影 1′、(7′) 和 1″、7″,再在俯视图上求得 1、2、4、6、7 点。作出特殊位置点的投影,也就确定了截交线的投影范围。

(2) 为使截交线的形状更为准确,可再取若干个一般位置点,如Ⅲ、Ⅴ点,其主、左视图上的投影为 3′、(5′) 和 3″、5″。根据投影规律求得俯视图上的投影 3、5 ,如图中箭头表示。

(3) 依次圆滑连接俯视图上 1、2、3、4、5、6、7 各相邻点的投影,即为截交线的投影。

3) 圆筒切口的投影分析

圆筒与圆柱相比多了一个圆柱孔,即一个内圆柱面。当平面截切圆筒时,应同时考虑到一

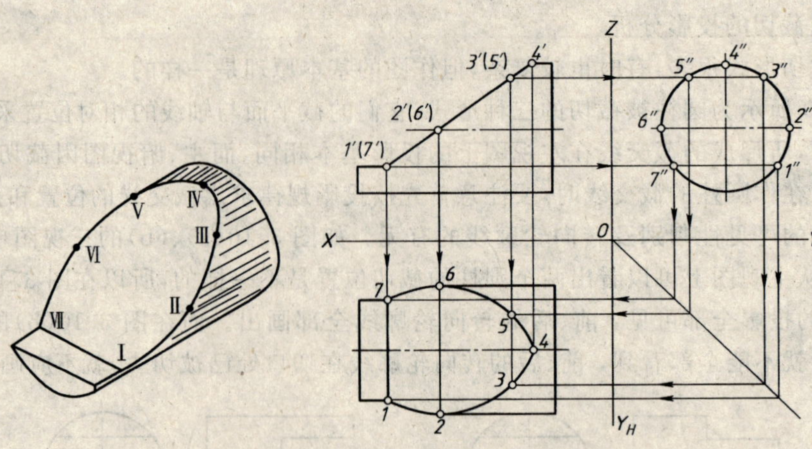

(a) (b)

图 3.11 圆柱的截切(二)

(a) 立体图 (b) 三视图

个截平面与内、外两个圆柱面相截切,所形成的截交线应由内、外两部分组成。圆筒截切的三视图的画法见图 3.12,读者可自行分析。

4. 圆锥的截交线

截平面截切圆锥,根据截切的位置不同,圆锥的截交线有五种形状,见表 3.2。

当截平面与圆锥的截交线为圆或相交两直线时,其作图比较简单。当截交线为非圆曲线(椭圆、抛物线或双曲线)时,作图就比较复杂,可运用圆锥表面求点的方法,通过作图逐步求得。

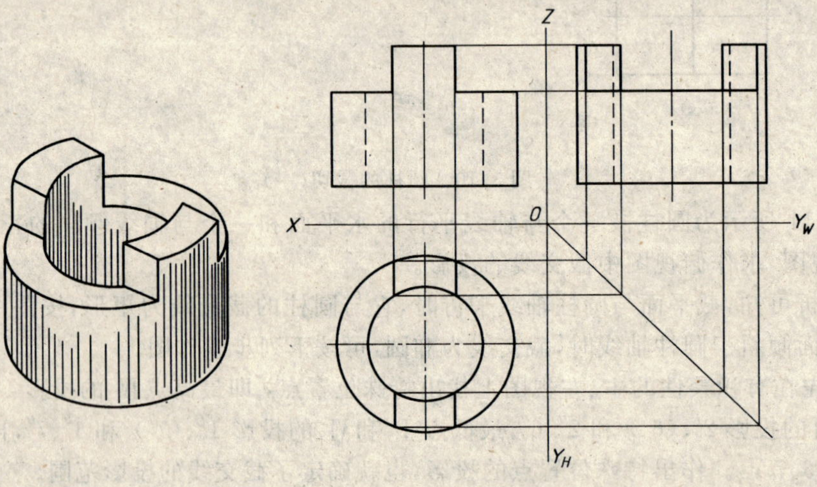

(a) (b)

图 3.12 圆筒的截切

(a)立体图 (b)三视图

表 3.2　圆锥的截交线

截平面位置	垂直于轴线 $\theta=90°$	与所有素线相交 $\theta>\alpha$	平行于一条素线 $\theta=\alpha$	平行于两条素线 （包括平行于轴线） $\theta<\alpha$ 包括 $\theta=0$	过锥顶
截交线	圆	椭圆	抛物线与底面相交于直线段	双曲线与底面相交于直线段	相交两素线与底面交线组成等腰三角形
轴测图	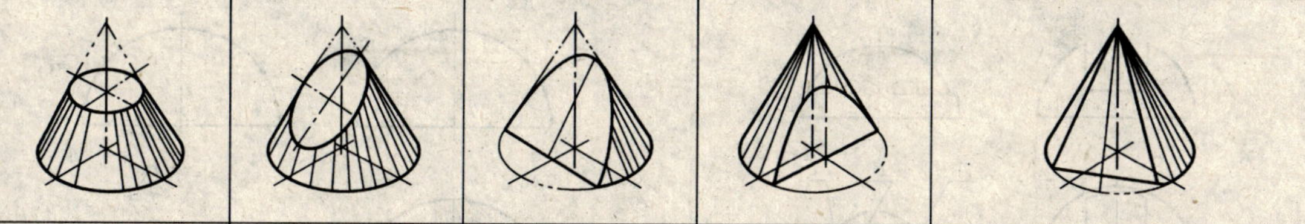				
投影面	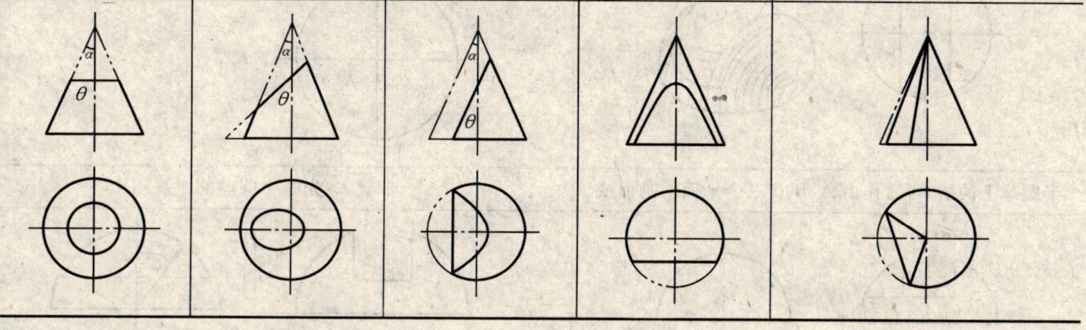				

5. **圆球的截交线**

1）圆球的截交线

当圆球被任意方向的平面截切时，其截交线均为圆。一般情况下，应将截平面平行于某一投影面来截切球体，以便截交线圆的投影能反映实形。截平面相距圆球球心的距离不同，截交线的直径也不同。图 3.13 所示为圆球截交线投影的作图方法。

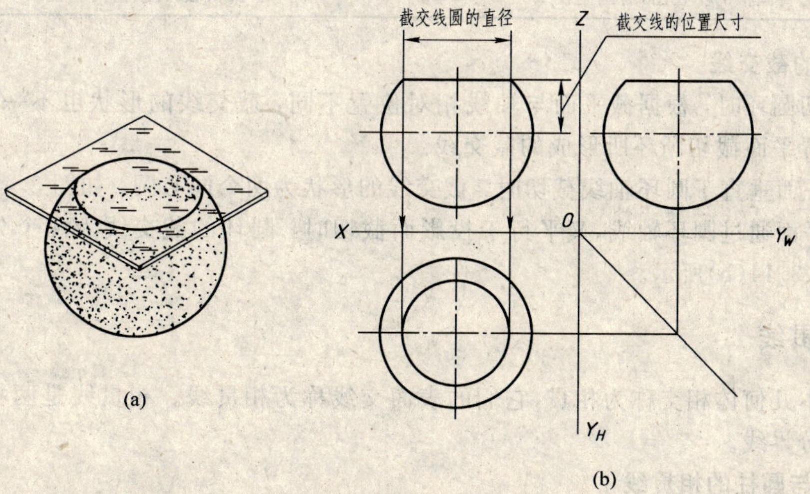

图 3.13　圆球的截交线

(a)立体图　(b)三视图

2）半圆球切槽的投影分析

当圆球被两个或两个以上的截平面截切成不同形状的切口时，各截平面与球面形成的截交线是不完整的圆，截交线的范围由截平面与球的相对位置来决定。半圆球切槽的三视图画法与步骤，见表 3.3 。

表 3.3　半圆球切槽三视图的画法

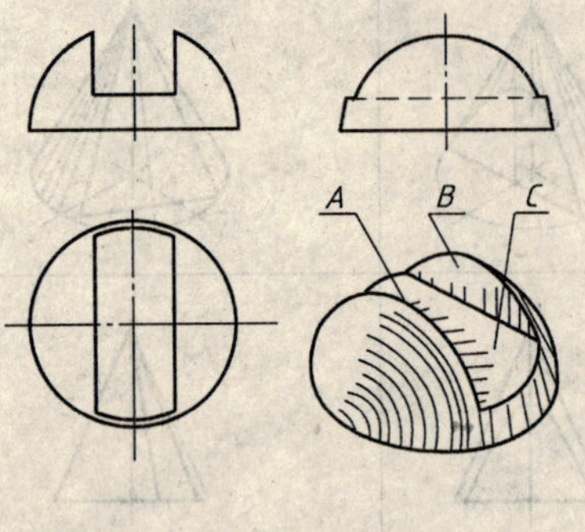	
半圆球上的槽，可看作由 A、B、C 三个平面切割而成	步骤 1. 先画半圆球的三视图
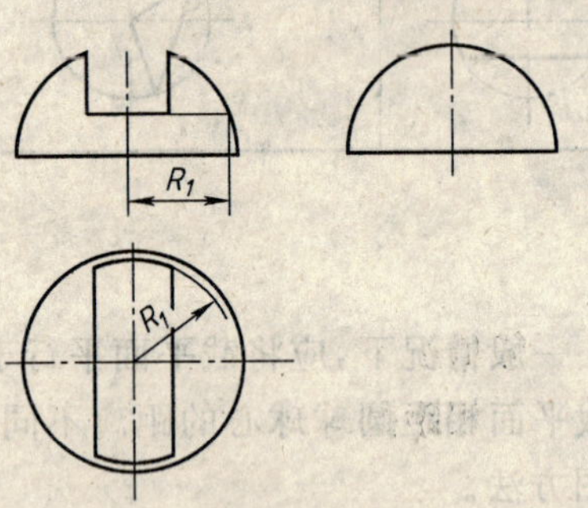	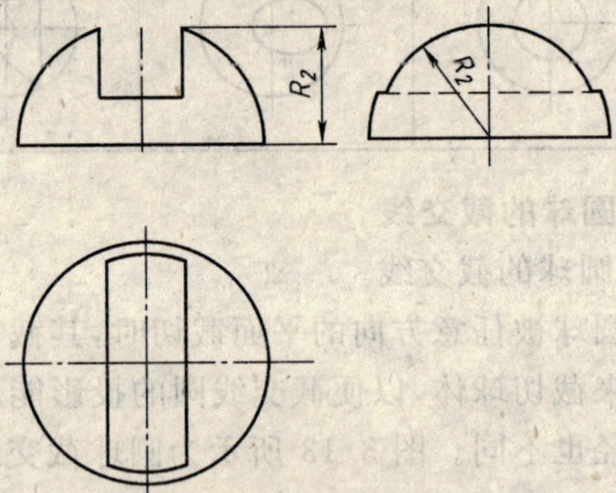
步骤 2. 再画槽的主视图，后画俯视	步骤 3. 最后画槽的左视图

6. 圆环的截交线

平面截切圆环时，根据截平面与轴线相对位置不同，截交线的形状也不一样，下面介绍两种特殊位置平面截切圆环所形成的截交线。

（1）截平面垂直于圆环轴线截切时，截交线的形状为两个同心圆，如图 3.14(a)所示。

（2）截平面通过圆环轴线，又平行于投影面截切时，圆环的截交线为两个分离且直径相等的圆，如图 3.14(b)所示。

3.7.2　相贯线

两个基本几何体相交称为相贯，它们的表面交线称为相贯线。相贯线是两相交立体表面的公有线和分界线。

1. 圆柱与圆柱的相贯线

1）两圆柱正交的相贯线的画法

图 3.15 所示为两个直径不等的圆柱体相贯，其轴线垂直相交时的立体图和三视图。图中

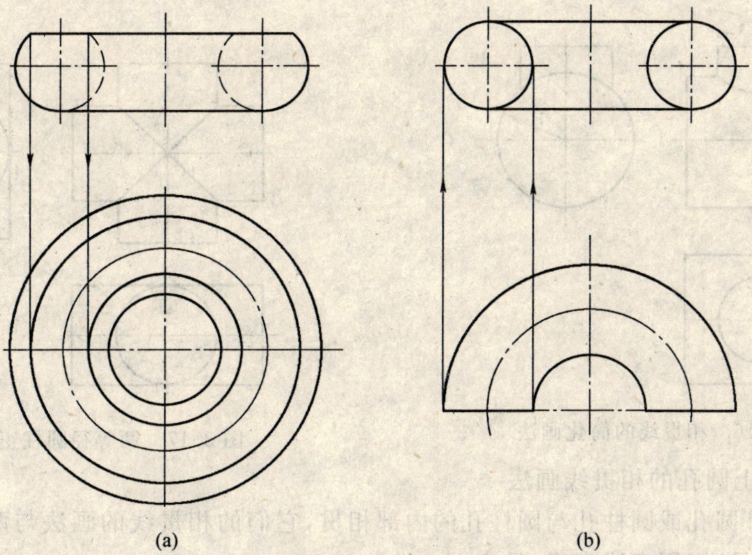

图 3.14　圆环的截交线

(a) 截平面垂直轴线截切　(b) 截平面通过轴线且平行投影面截切

两个圆柱的轴线互相垂直，因相贯线是两个圆柱表面的共有线，所以，相贯线在俯视图上的投影积聚在小圆柱的投影(小圆周)上。相贯线在左视图上的投影积聚在大圆柱的投影(大圆周)上，且介于小圆柱两轮廓线之间的一段圆弧。相贯线在主视图上的投影为非圆曲线，可以用表面上取点的方法求得，也就是在相贯线的两个有积聚性的投影上找出特殊点和若干中间点，求出各点的正面投影，再将相邻的各点投影圆滑连接即可，如图 3.15(b)所示。

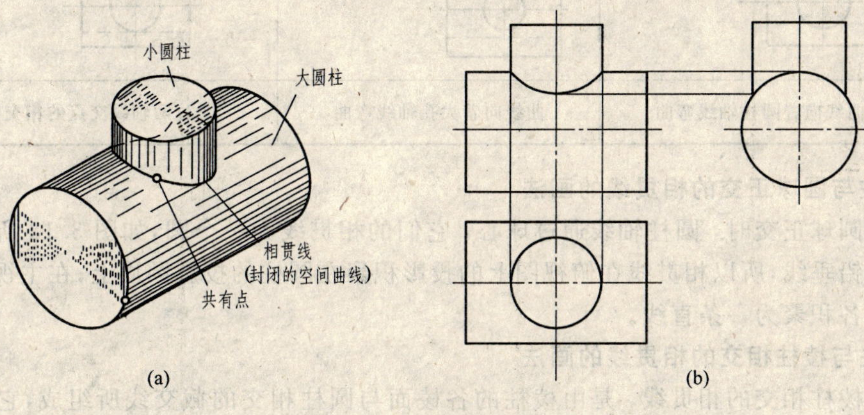

图 3.15　两圆柱正交相贯

(a)立体图　(b)三视图

在一般情况下，允许采用圆弧代替相贯线的简化画法，如图 3.16 所示。作图方法是：在主视图上，以两圆柱的轮廓线的交点为圆心，以大圆柱的半径 R 为半径，作弧交小圆柱的轴线于 O，再以 O 为圆心，仍以 R 为半径向着大圆柱的轴线方向画圆弧，即为所求相贯线。

2)两等径圆柱体相贯线的画法

当两个圆柱体直径相等，轴线又相互垂直相交时，其相贯线为两个椭圆，这两个椭圆在与两轴线平行的投影面上的投影积聚为两条与水平线成 45°的相交斜线，如图 3.17 所示。

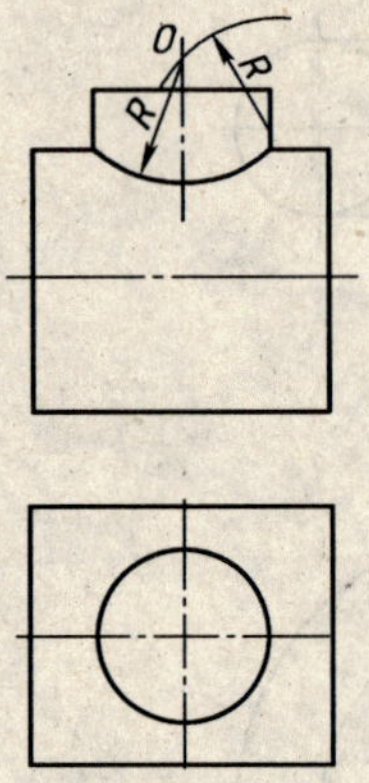

图 3.16　相贯线的简化画法

图 3.17　两等径圆柱正交相贯

3）圆柱体上圆孔的相贯线画法

圆柱体上开圆孔或圆柱孔与圆柱孔的内部相贯，它们的相贯线的画法与两圆柱相贯线一样，只是在不可见时，用虚线表示，见表 3.4 。

表 3.4　圆柱体上圆孔的相贯线

型式	圆柱体上圆柱孔	不等径圆柱孔	等径圆柱孔
三视图	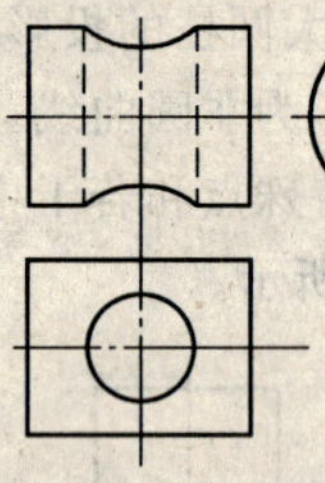	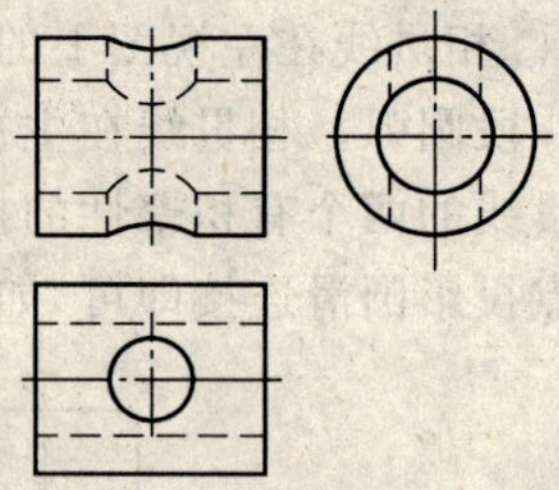	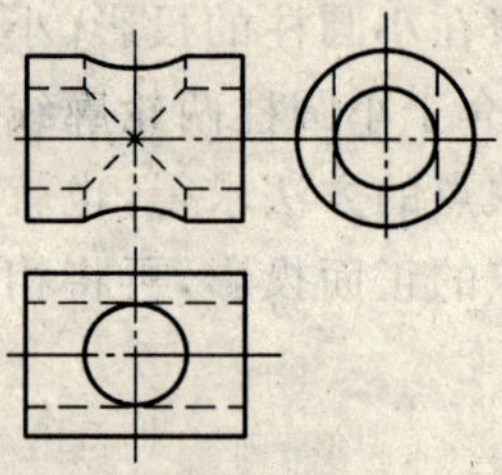
相贯线投影形状	曲线向着圆柱轴线弯曲	曲线向着大孔轴线弯曲	过两轴线交点的相交直线

2. 圆柱与圆球正交的相贯线的画法

圆柱和圆球正交时，圆柱轴线通过球心，它们的相贯线为一个圆，如图 3.18 所示。图中圆柱轴线为铅垂线，所以相贯线在俯视图上的投影积聚在圆柱的投影圆周上；在主视图和左视图上的投影各积聚为一条直线。

3. 圆柱与棱柱相交的相贯线的画法

圆柱与棱柱相交的相贯线，是由棱柱的各棱面与圆柱相交的截交线所组成，它是一个封闭的空间线框。

图 3.19 所示为一个圆柱与四棱柱相贯的立体图和三视图。从图中可知，四棱柱的上、下底面为水平面，与圆柱的交线为圆的一部分；前、后棱面为正平面，与圆柱的交线为两条直线。圆柱与四棱柱相贯线的三视图画法如图中箭头所示。

4. 过渡线

铸造或锻造而成的零件，在两表面的相交处都是圆角，因此两表面的交线轮廓不是很明显，这种表面交线称为过渡线。过渡线的画法与相贯线的画法相同，只是两端不与轮廓线接触，如图 3.20 和图 3.21 所示。

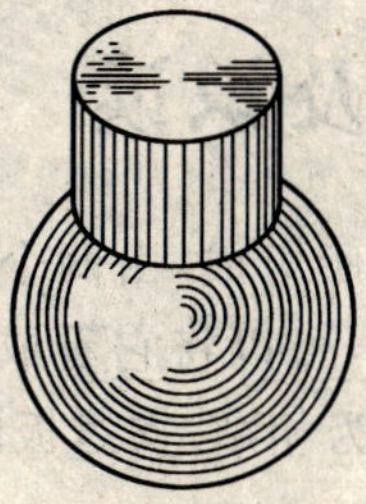

(a)

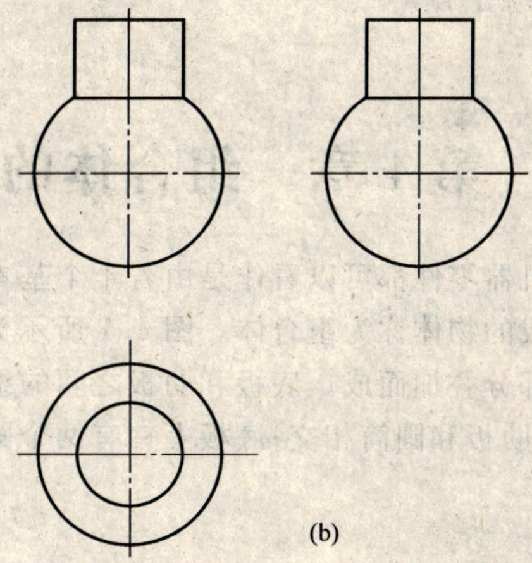

(b)

图 3.18　圆柱与圆球正交

(a)立体图　(b)三视图

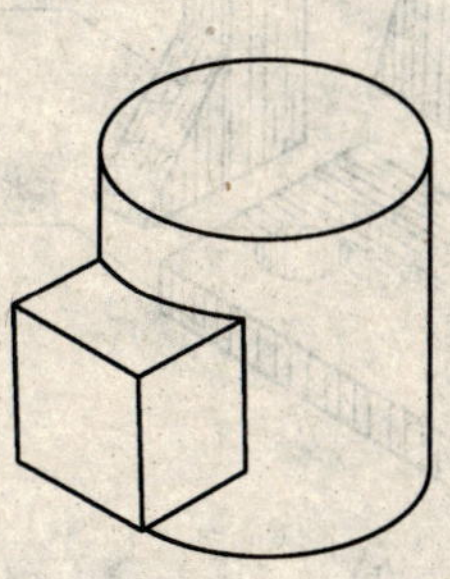

(a)

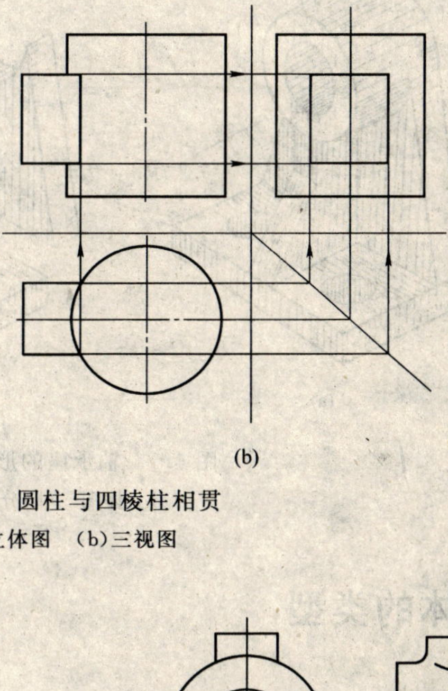

(b)

图 3.19　圆柱与四棱柱相贯

(a)立体图　(b)三视图

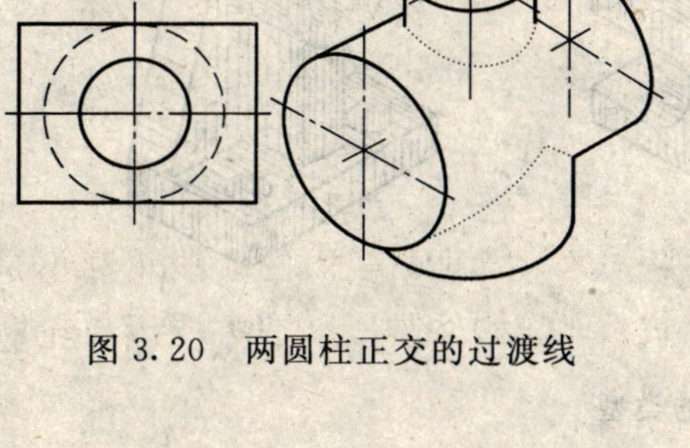

图 3.20　两圆柱正交的过渡线

图 3.21　棱柱与圆柱相交的过渡线

第 4 章　组合体的画法及识读

任何复杂的机器零件都可以看作是由若干个基本几何体所组成，由两个或两个以上的基本几何体组合而成的物体称为组合体。图 4.1 所示为轴承座，可以将它看成是由底板、圆筒、支撑板和肋板四部分叠加而成。底板和肋板之间的组合形式为相贴；支撑板的左、右侧面和圆筒的外表面相切；肋板和圆筒相交；底板上钻有两个圆孔。

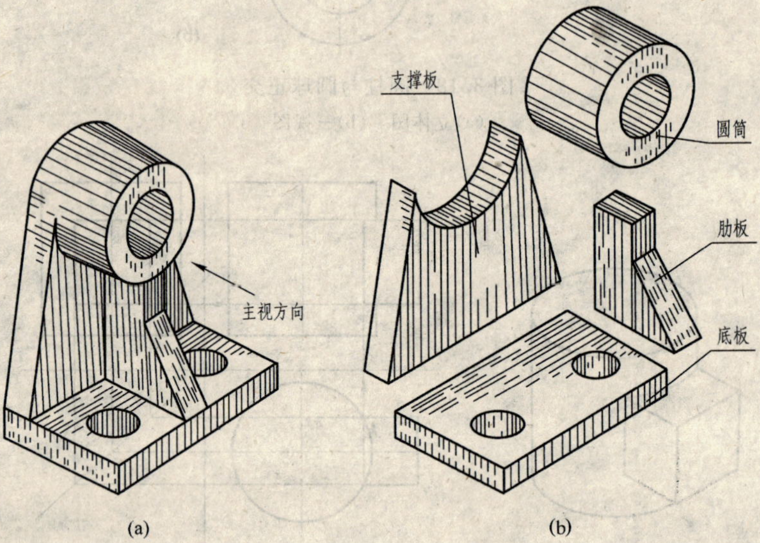

图 4.1　轴承座的形体分析

(a)立体图　(b)分解图

4.1　组合体的类型

组合体的组合形式有叠加型、切割型和综合型三种类型，如图 4.2 所示。

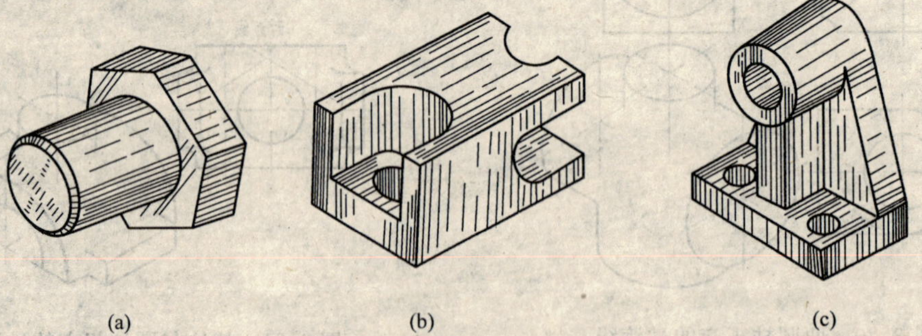

图 4.2　组合体的类型

(a) 叠加型　(b) 切割型　(c) 综合型

4.2 组合体三视图的画法

4.2.1 形体分析

假想把组合体分解成由若干个基本部分组成，弄清楚各部分的形状、相对位置、组合形式及表面连接关系，这种分析方法称为形体分析法。组合体的画图、读图和标注尺寸都要用到形体分析法，如图 4.1 所示。

4.2.2 主视图的选择

在对组合体进行形体分析后，再确定主视图的投影方向。通常要求主视图能够较多地表达物体的形状特征，也就是应尽量将组成部分的形状和相对位置关系的特征在主视图上显示出来。如在图 4.1 中，选择箭头方向作为轴承座主视图的投影方向。

4.2.3 确定比例、图幅

根据组合体的大小，确定绘图比例和图纸图幅。应注意幅面大小要留有余地，以便标注尺寸、画标题栏等。

4.2.4 作三视图

以轴承座为例，其画图步骤如下。

(1)布置视图，先画基准，如图 4.3 所示。要注意视图间“长对正、高平齐、宽相等”的对应关系。

(2)画底板，定圆的中心，画圆孔，如图 4.4 所示。从俯视图开始，三视图同时画出。

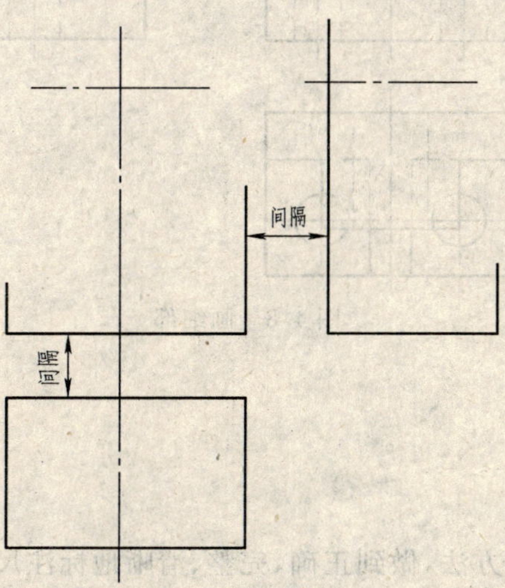

图 4.3 画基准

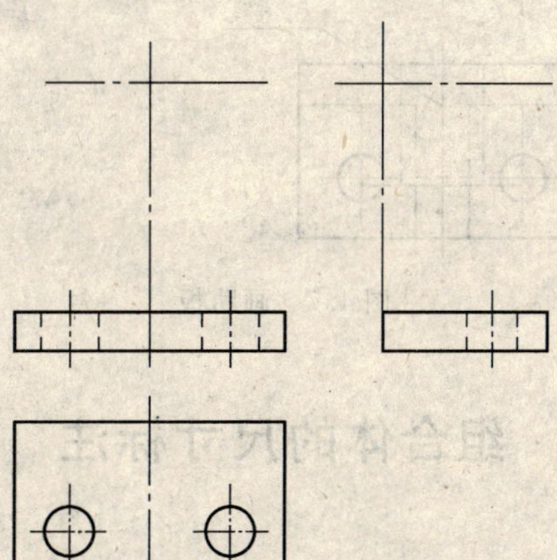

图 4.4 画底板

(3)画圆筒，如图 4.5 所示。从主视图开始，三视图同时画出。

(4)画支撑板，如图 4.6 所示。在主视图中自底板顶面的左、右两端点作圆筒的切线，画左、俯视图时，注意切点 A、B 的位置。

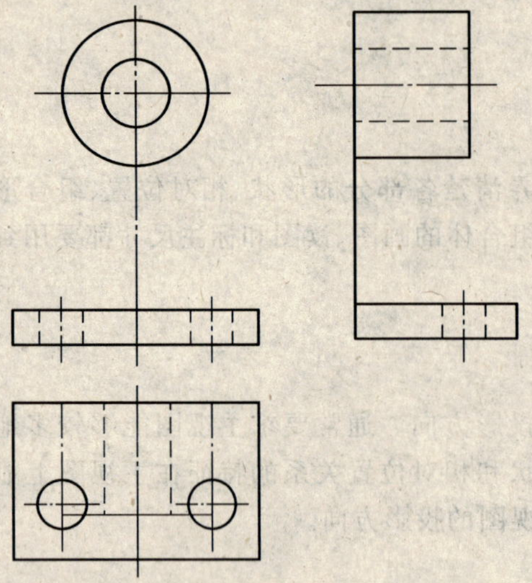

图 4.5　画圆筒

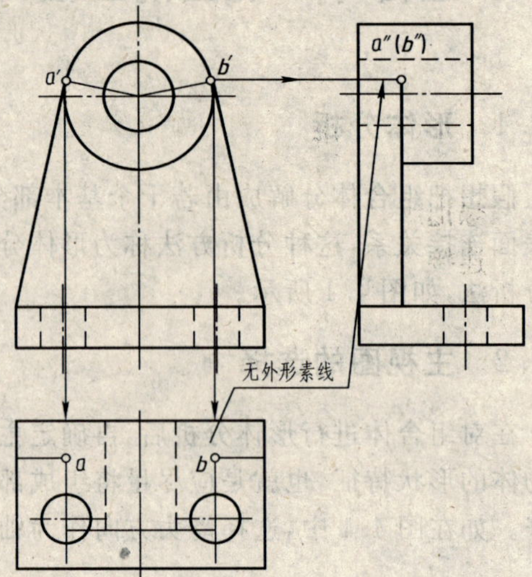

图 4.6　画支撑板

(5)画肋板，如图 4.7 所示。从主视图画起，注意左视图相交处交线的投影 $d''c''$。

(6)画细部，检查修改，如图 4.8 所示。先加粗圆和圆弧，后加粗直线，使图线达到标准。

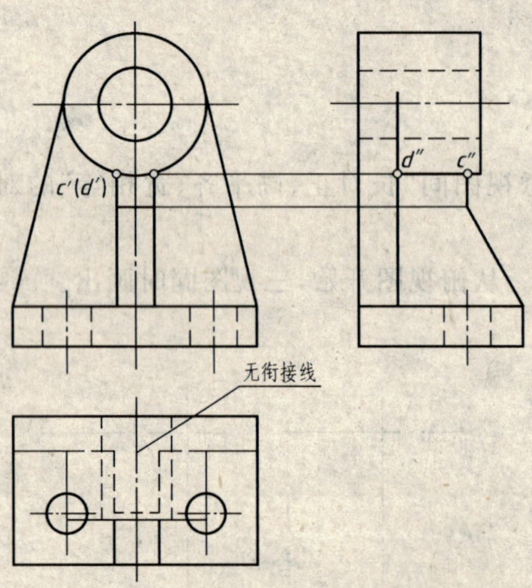

图 4.7　画肋板

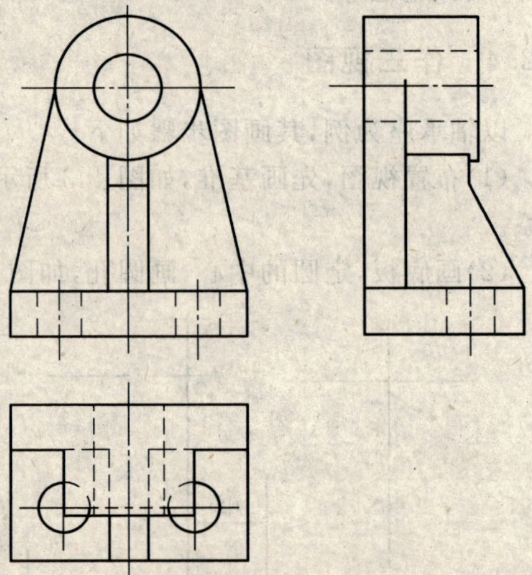

图 4.8　画细部

4.3　组合体的尺寸标注

在组合体三视图上标注尺寸，应掌握形体分析的方法，做到正确、完整、清晰地标注尺寸。

(1)正确：尺寸数字和选择尺寸基准正确。

(2)完整：在长、宽、高三个方向，各类尺寸齐全，没有遗漏。

根据尺寸的作用不同，组合体的尺寸可分为以下三类。

①定形尺寸：是指确定组合体各部分大小的尺寸，一般要注出确定形体的长、宽、高三个方向的尺寸。

②定位尺寸：确定形体之间相对位置的尺寸。

③总体尺寸：确定组合体总长、总宽、总高的尺寸。

(3)清晰：尺寸布置整齐、清晰，便于看图。

标注尺寸除了要求正确、完整外，还要求标注清晰，因此必须注意以下几点。

①尺寸尽可能标注在形状特征明显的视图上，半径尺寸应标注在反映圆弧的视图上。如图 4.9(b)所示，底板高度 5，注在主视图上比注在左视图上好；底板的宽度 22，注在俯视图上比注在左视图上要好。

②形体分析中属于同一个基本形体的定形、定位尺寸应尽量集中标注。

③尺寸尽可能标注在视图外部，必要时也可注在视图内部，如图 4.9(b)中，底板的高度 5、总高 35 等。

④与两个视图有关的尺寸，尽可能标注在两视图之间，如高度尺寸尽量注在主、左视图之间，长度尺寸尽量注在主、俯视图之间，以保持两视图的联系。

⑤尺寸布置要整齐，避免过于分散和杂乱。在标注同一方向尺寸时，应该小尺寸在内，大尺寸在外，以免尺寸线与尺寸界线相交，连续的几个尺寸应尽量处在同一条线上。

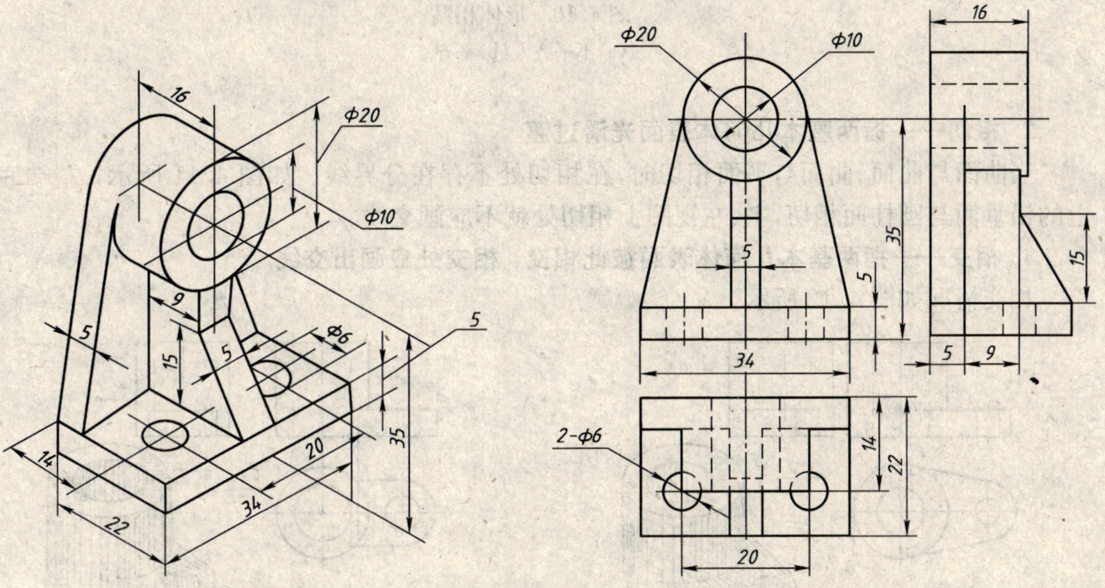

(a)　　(b)

图 4.9　轴承座的尺寸标注

(a)轴承座的立体图尺寸　(b)轴承座的三视图

4.4　两个几何体的表面连接关系

组合体中各类基本几何体表面之间有相贴、相切和相交三种情况。

1. 相贴——指两个基本几何体以平面方式相互接触

如图 4.10 中的组合体由底板和竖板组合而成，但这两个形体前、后面的相对位置不同，可分为平齐和不平齐两种，它们的画法也不相同。

(1) 不平齐——两基本几何体相贴时，中间应有线隔开。如图 4.10(a) 中，前、后面不平齐，在主视图中间应有线隔开。

(2) 平齐——两基本几何体的表面相贴时，中间不应有线隔开。如图 4.10(b)中，前、后两面平齐，在主视图中间就不应画线。

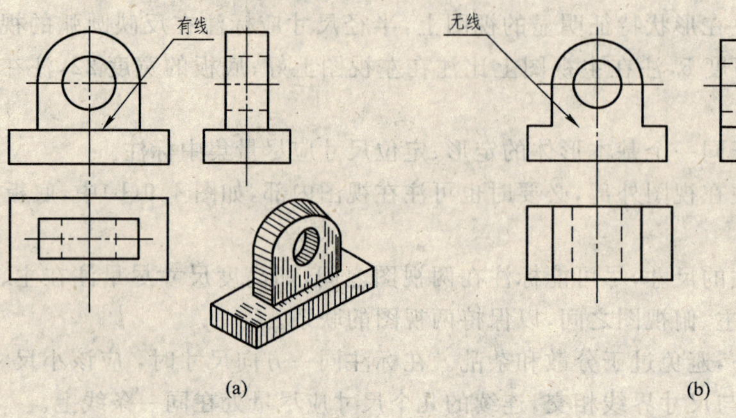

图 4.10 形体相贴

(a)不平齐 (b)平齐

2. 相切——指两基本几何体表面光滑过渡

当曲面与曲面、曲面与平面相切时，在相切处不存在分界线。如图 4.11 所示，左端底板上的铅垂面与圆柱面相切，主、左视图上相切处就不应画交线。

3. 相交——指两基本几何体表面彼此相交，相交处应画出交线

相交情况如图 4.12 所示。

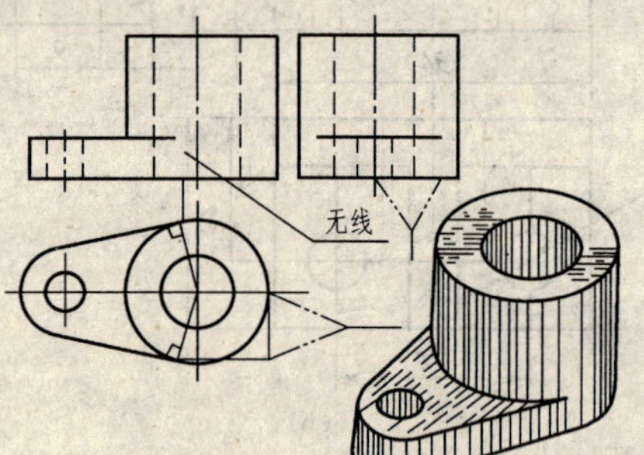

图 4.11 形体相切

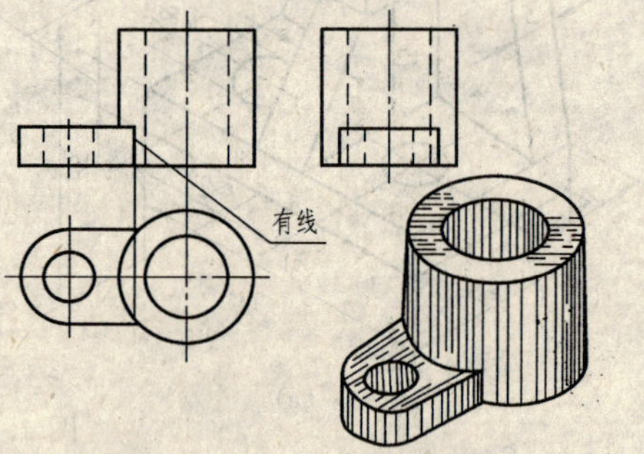

图 4.12 形体相交

4.5 识读组合体三视图

画图是根据空间物体画出它的三视图，而看图则是根据视图想象出物体的空间形状。

看图的基本方法有形体分析法和面形分析法。在识读一些较复杂的图形时，往往将两种方法结合起来交替使用，可提高识图效率。

看图有以下几个步骤。

1. 看视图、抓特征

看视图——以主视图为主，配合其他视图，进行初步的投影分析和空间分析。

抓特征——找出反映物体特征较多的视图，在较短的时间里，对物体有个大概的了解。

2. 分解形体、对投影

分解形体——参照特征视图，分解形体。

对投影——利用“三等”关系，找出每一部分的三个投影，想象出它们的形状。

3. 综合起来想整体

在看懂每部分形体的基础上，进一步分析它们之间的组合方式和相对位置关系，从而想象出整体的形状。

4. 面形分析攻难点

一般情况下，形体清晰的零件，用上述形体分析方法看图就可以解决。但对于一些较复杂的零件，特别是由切割体组成的零件，单用形体分析法还不够，需采用面形分析法。

4.6 补画三视图

补视图和补缺线是培养读图、绘图能力和检验是否看懂视图的一种有效手段。补视图的主要方法是形体分析法，在解题时应根据已知条件，分析每一个封闭线框的对应投影，按照基本几何体的投影特征想象出已知线框的基本形体，从而补画出第三视图。对于形体不明了的局部，可以运用线面分析法补画出其线条或线框，从而达到正确补画第三视图的要求。

【例 4.1】 如图 4.13(a) 所示，已知主、左视图，补画俯视图。

分析：视图按线框可分成 A 、B 、C 、D 四个部分，根据投影可以想象出它们各部分的形状。

(1) A 部分为一长方体，上面中间被挖去了一半圆柱槽，如图 4.13(b) 所示。

(2) B 部分为一四棱柱，并在前下方挖去一小长方块。其前端截切成倾斜的侧垂面，如图 4.13(c) 所示。

(3) C 、D 部分为带有圆角和小圆孔的棱柱，C 、D 两部分对称，如图 4.13(d)所示。

(4) 从给出的主、左视图中可以看出，A 形体位于 B 形体的中上方靠后位置，C 、D 两部分对称位于 A 、B 形体的两侧，四部分形体的后面平齐，这样综合起来就能想象出该组合体的完整形状，如图 4.13(e)所示。

作图：用形体分析法看懂两视图，想象出该形体的形状之后，即可依次、逐个地画出各部分的俯视图。最后按照各部分形体的组合方式、表面连接关系，整理、校核并加深图线，完成第三视图的绘制，读者可自行练习。

对于切割型组合体，应首先分析它的原形是什么基本几何体以及它是怎样切割而成的，然后从大结构入手，从反映形体特征的视图入手，将体和面结合起来考虑，运用线、面、体的几何特征和投影规律逐步分析作图。

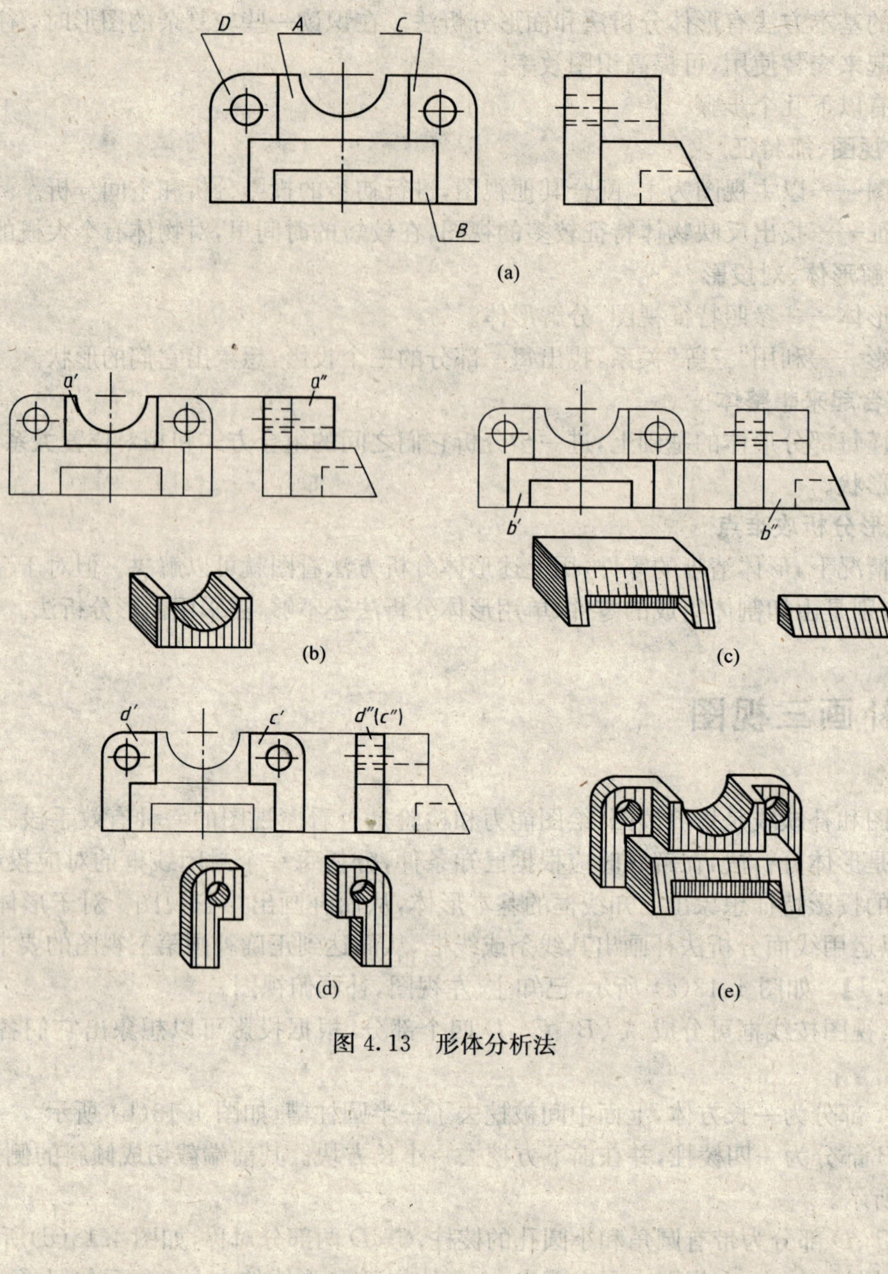

图 4.13 形体分析法

第 5 章　机件的表达方式

视图是物体向投影面投射所得到的图形，主要用来表达机件的外部结构形状。视图通常分为基本视图、向视图、局部视图和斜视图。（参阅 GB/T 17451—1998）

5.1　视图(GB/T 17451—1998)

5.1.1　基本视图

基本视图——用正投影法将机件向基本投影面投射所得的视图。

国标规定正六面体的六个面为基本投影面。物体在基本投影面上的投影称为基本视图。表示一个物体可有六个基本投影方向。国标还规定采用第一角投影法，即物体处于观察者与投影面之间进行投影，然后按规定展开投影面，便得到六个基本视图，如图 5.1 所示。

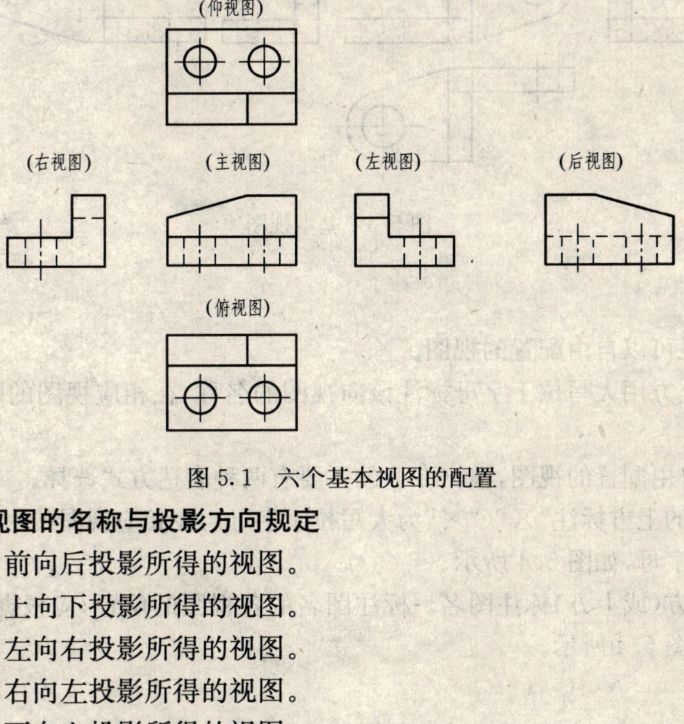

图 5.1　六个基本视图的配置

1. 六个基本视图的名称与投影方向规定

主视图——由前向后投影所得的视图。

俯视图——由上向下投影所得的视图。

左视图——由左向右投影所得的视图。

右视图——由右向左投影所得的视图。

仰视图——由下向上投影所得的视图。

后视图——由后向前投影所得的视图。

2. 基本视图的投影规律

六个基本视图之间仍保持“长对正，高平齐，宽相等”的投影规律。

主、俯、仰、后视图——长度相等。

主、左、右、后视图——高度相等。

俯、左、仰、右视图——宽度相等。

【例 5.1】：如图 5.2 所示，补全其余四个视图，并画出所有虚线。

图 5.2　补视图

解：

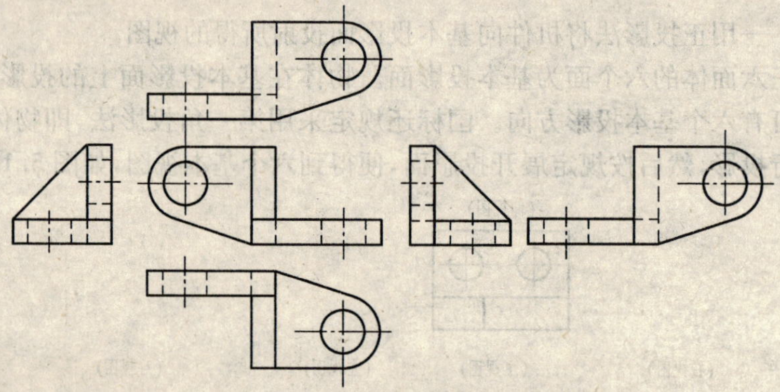

图 5.3　基本视图

5.1.2　向视图

向视图——是可以自由配置的视图。

在向视图的上方用大写拉丁字母标注该向视图的名称，在相应视图的附近用箭头指明投射方向。

向视图是可自由配置的视图，根据专业的需要有两种表达方式选择。

(1)在向视图的上方标注“×”(“×”为大写拉丁字母)，在相应视图的附近用箭头指明投射方向，并标注相同字母，如图 5.4 所示。

(2)在视图下方(或上方)标注图名。标注图名的各视图的位置，应根据需要和可能，按相应的规则布置，如图 5.4 所示。

5.1.3　斜视图

斜视图——将机件向不平行基本投影面的平面投射所得的图形。

斜视图主要用来表达物体上倾斜结构的外形，方法是加一个平行于倾斜结构的投影面的垂直面作为新投影面，使倾斜部分在新投影面上反映实形。

斜视图必须要作标注，标注的内容和方法与局部视图的要求相同。

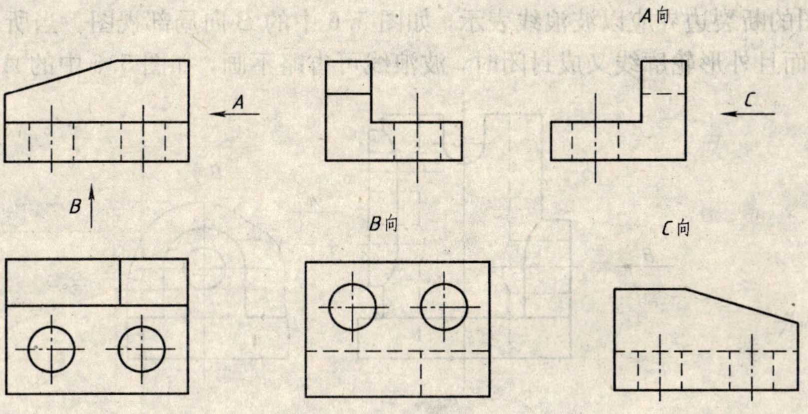

图 5.4　向视图

斜视图一般应按投影关系配置，如图 5.5 所示，必要时也可配置在其他适当的地方。在不致引起误解时，允许将斜视图的图形转正画出，这时必须在斜视图上方标注“×向旋转”字样，如图 5.5 所示。

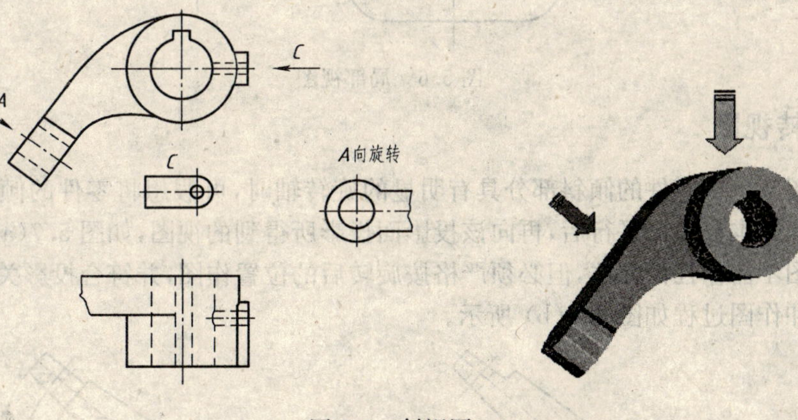

图 5.5　斜视图

5.1.4　局部视图

局部视图——将机件的某一部分向基本投影面投射所得的图形。

如图 5.6 所示的零件，若只画主、俯两个视图，那么零件左、右两边的凸台就没有表达清楚。如果再选用左、右两个基本视图将它们表达出来，显然对其他结构来说是重复表达，没有这个必要。如果采用“A 向”和“B 向”两个局部视图，就既能将零件两边的凸台表达清楚，同时又减轻了绘图的工作量。

局部视图的位置应尽量与原视图保持投影关系，如图 5.6 中的“B 向”；有时为使图面的布局合理，也可将局部视图画在其他适当的位置，如图 5.6 中的“A 向”。

局部视图一般要作柱，在局部视图上方标出视图名称“× 向”，在相应的视图附近用箭头指明投影方向，并注上相同的字母，如图 5.6 所示。当局部视图按投影关系配置，中间又没有其他图形隔开时，允许省略标注，如图 5.6 中的 B 向局部视图的标注可以省略。

局部视图的断裂边界应以波浪线表示，如图 5.6 中的 B 向局部视图。当所表达的局部结构是完整的，而且外形轮廓线又成封闭时，波浪线可省略不画，如图 5.6 中的 A 向局部视图。

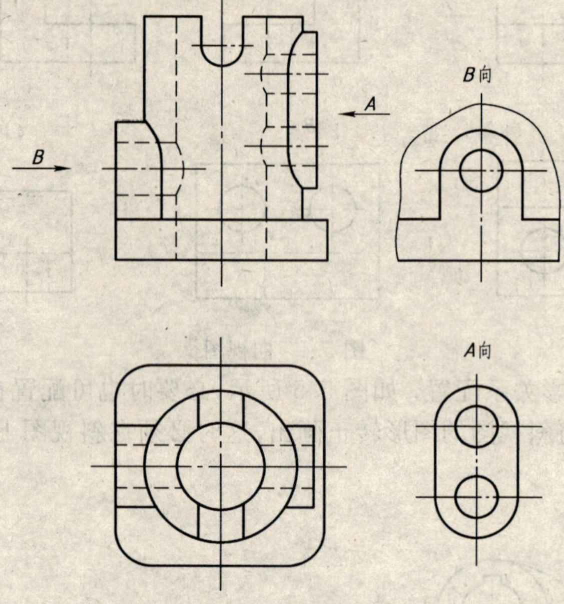

图 5.6　局部视图

5.1.5　旋转视图

旋转视图——当零件的倾斜部分具有明显的旋转轴时，可假想将零件的倾斜部分旋转到与某一选定的基本投影面平行后，再向该投影面投影所得到的视图，如图 5.7(a)所示。

旋转视图不需作任何标注，但必须严格按旋转后的位置作图，并符合投影关系。旋转视图的作图原理和作图过程如图 5.7(b) 所示。

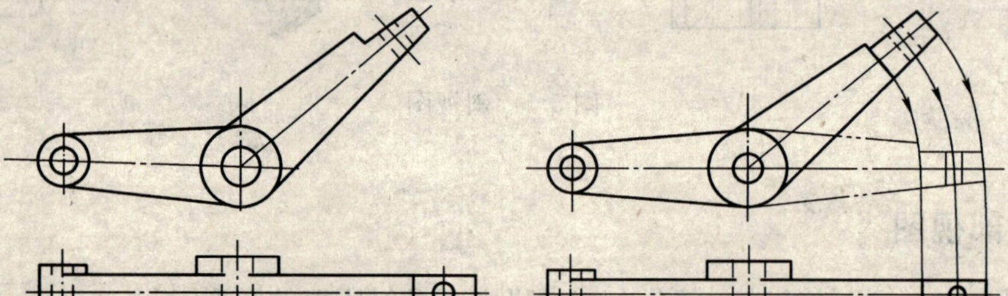

图 5.7　旋转视图

(a)旋转视图　(b)旋转视图的作图原理

5.2　剖视图

在用视图表达零件时，可见轮廓线是用实线绘制，不可见的内部结构是用虚线绘制，当物体内部结构比较复杂时，虚线较多，而且又与实线重叠，既影响了图形表达的清晰，又不利于尺寸标注，不便于看图。为此，可用剖视图的方法来表示机件。本节参用最新国家标准 GB/T 17452—1998。

5.2.1 剖视图概述

1. **形成**

假想用剖切面剖开机件，将处在观察者与剖切面之间的部分移去，将其余部分向投影面投射所得的图形称为剖视图(剖视)。

2. **剖面符号**

机件被假想剖开后，剖切平面与机件的接触部分要画出与材料相应的剖面符号，见表 5.1。

3. **画法**

剖视图的画法如图 5.8 所示。

(1)确定剖切面的位置，一般通过机件内部孔、槽的轴线或对称面。

(2)画剖视图。先画剖切面与实体接触部分的投影，即剖面区域的轮廓线，然后再画剖面区域以后的可见轮廓。

(3)在剖面区域内画剖面线。

4. **配置与标注**

一般按基本视图方位配置，标注：三要素剖切线——粗短线、箭头、字母；剖切符号。

省略标注方式：不标注；省略箭头。

5. **注意事项**

(1)剖切是假想的，机件仍然是完整的；剖切面后的可见部分应全部画出，不能遗漏。

(2)用金属材料制造的零件，剖面符号为一组方向相同、间隔相等并与水平成 45°倾斜的平行细实线，简称剖面线。同一零件在各剖视图中的剖面线方向和间隔应一致。当图形中的主要轮廓线与水平成 45°时，可将该图形的剖面线画成水平成 30°或 60°的平行线，但其倾斜方向仍应与其他图形中的剖面线方向一致，如图 5.9 中主视图的剖面线画法。

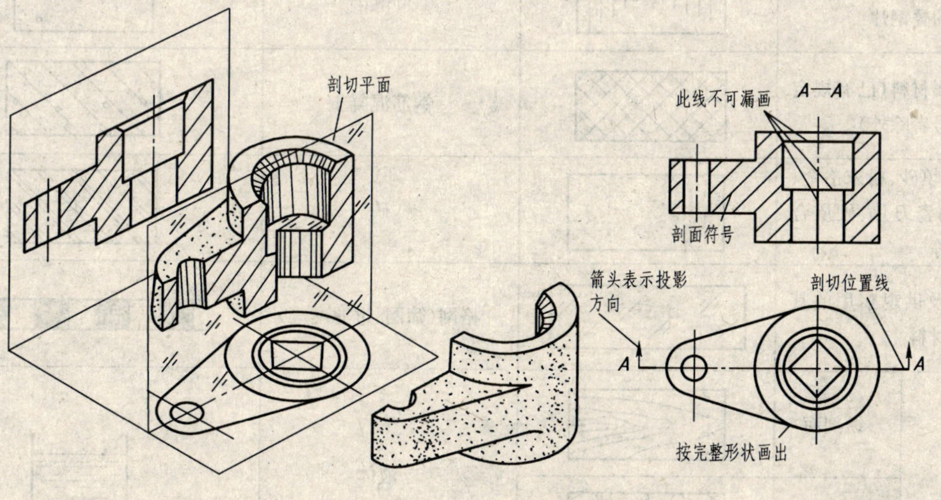

(a) (b)

图 5.8 剖视图的画法

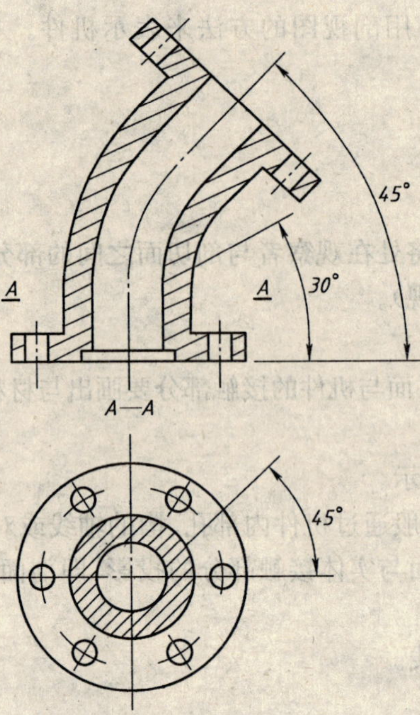

图 5.9　剖面线的画法

表 5.1　剖面符号

<table>
<tr><td colspan="2">金属材料(已有规定剖面符号者除外)</td><td></td><td>木质胶合板(不分层数)</td><td>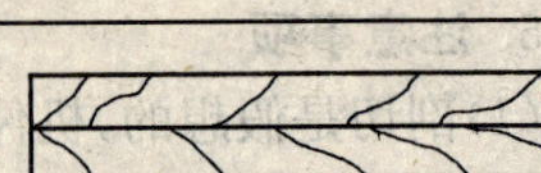</td></tr>
<tr><td colspan="2">线圈绕组元件</td><td>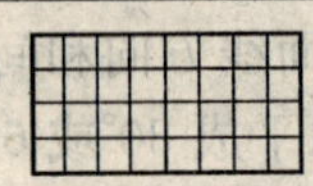</td><td>基础周围的泥土</td><td>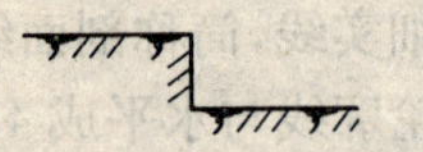</td></tr>
<tr><td colspan="2">转子、电枢、变压器、电抗器等的叠钢片</td><td>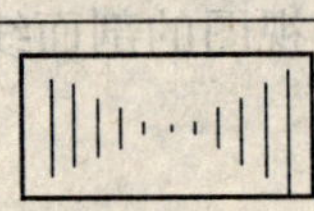</td><td>混凝土</td><td>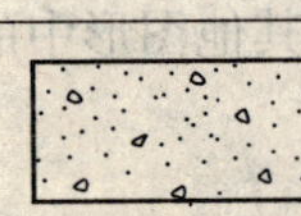</td></tr>
<tr><td colspan="2">非金属材料(已有规定剖面符号者除外)</td><td>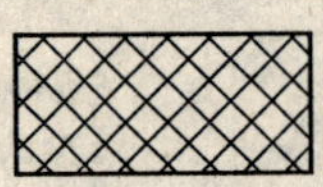</td><td>钢筋混凝土</td><td></td></tr>
<tr><td colspan="2">型砂、填砂、粉末冶金、砂轮、陶瓷刀片、硬质合金刀片等</td><td>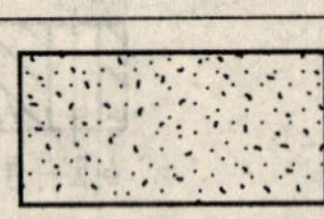</td><td>砖</td><td>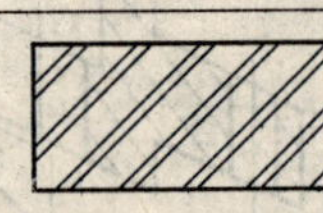</td></tr>
<tr><td colspan="2">玻璃及供观察用的其他透明材料</td><td>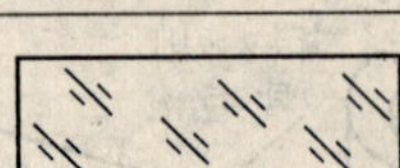</td><td>格网(筛网、过滤网等)</td><td></td></tr>
<tr><td rowspan="2">木材</td><td>纵剖面</td><td></td><td rowspan="2">液体</td><td rowspan="2">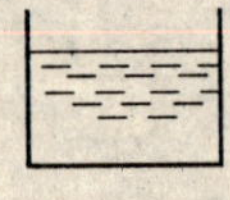</td></tr>
<tr><td>横剖面</td><td></td></tr>
</table>

5.2.2　剖视图的种类

剖视图按零件被剖切范围的大小可分为全剖视图、半剖视图和局部剖视图三种。

1. 全剖视图

全剖视图——用剖切平面完全地剖开机件所得的剖视图，适宜于表达内部形状比较复杂的不对称零件或外形较简单的对称零件的内部形状。图 5.8 至图 5.10 中的剖视图均为全剖视图。

全剖视图的标注与前面剖视图中所讲的标注要求相同。图 5.10 显示了剖视图中易漏画的线，请读者自行分析并注意。

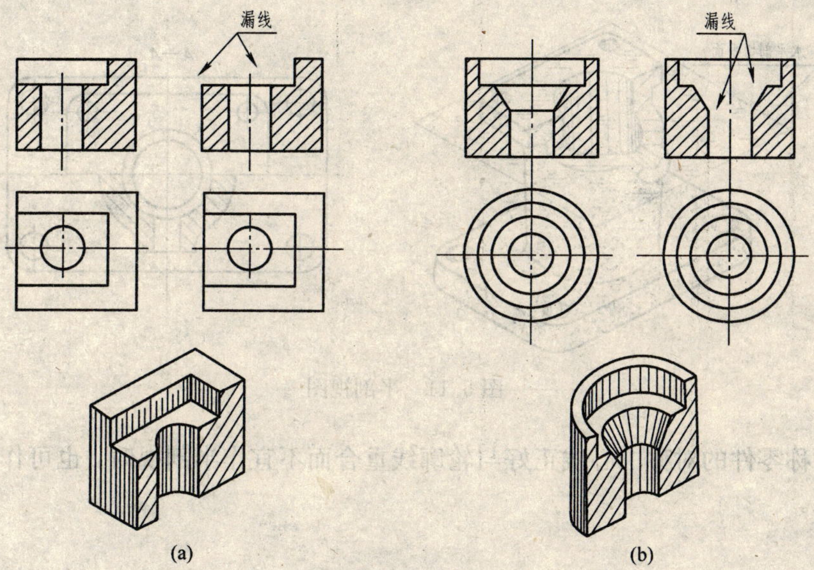

图 5.10　剖视图中易漏画的线

2. 半剖视图

当机件具有对称平面时，向垂直于对称平面的投影面上投射所得的图形，可以对称中心线为界，一半画成剖视图，另一半画成视图。这种剖视图称为半剖视图，如图 5.11 所示。常用于内、外形状都比较复杂的对称机件。

画半剖视图应注意以下几点。

(1)剖视与视图的分界线用点画线分界。

(2)视图部分不必画虚线。

(3)半剖视图的标注与全剖视的标注方法相同。

3. 局部剖视图

局部剖视图——用剖切面局部地剖开物体，所得的剖视图。

局部剖视是一种比较灵活的表达方法，它适用于下列几种情况。

(1)当不对称的零件既需要表达内部形状，又要保留局部外形时，如图 5.12 中的主视图。

(2)当零件只需表达局部结构的内部形状，而又没有必要作出全剖视图时，如图 5.12 中的俯视图。

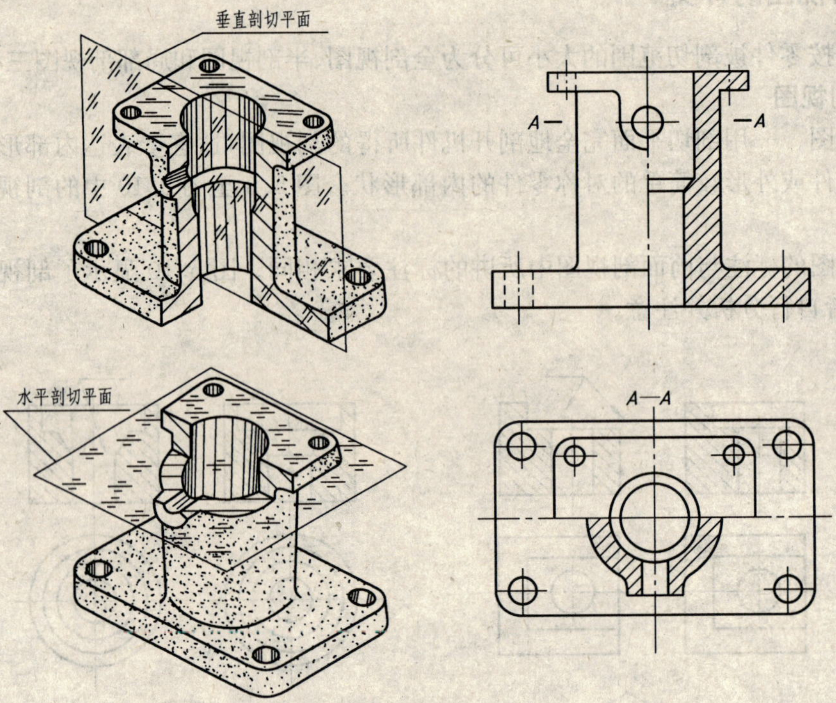

图 5.11　半剖视图

(3)当对称零件的对称中心线正好与轮廓线重合而不宜作半剖视时，也可作局部剖视，如图 5.13 所示。

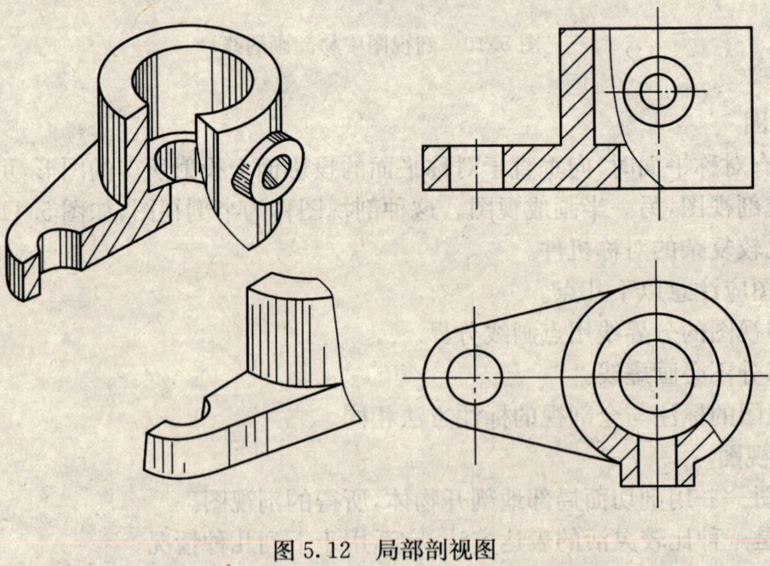

图 5.12　局部剖视图

注意事项：区分视图与剖视图的波浪线，应画在物体的实体上不应超出图形轮廓之外，也不应画入孔槽之内，而且不能与图形上的轮廓线重合，如图 5.14 所示。

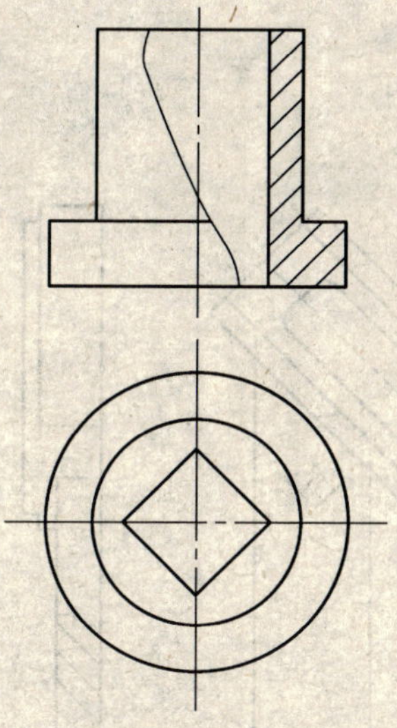

图 5.13　不宜作半剖视的对称零件

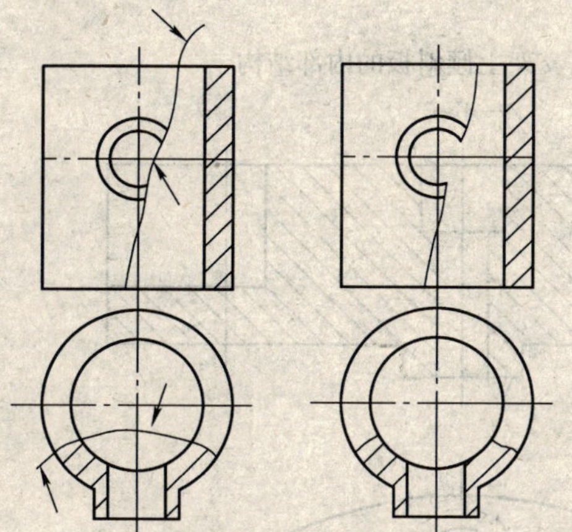

(a)

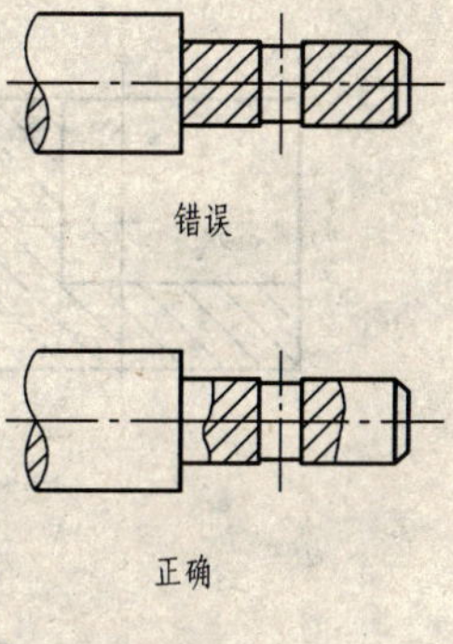

(b)

图 5.14　局部剖视图中波浪线的错误画法

5.3　剖切面的选用

由于零件的形状结构各不相同，仅有上面所讲的用一个剖切平面剖切零件的方法，有时仍不能将零件的内部形状表达清楚。为此，《机械制图》国家标准中规定，除上面提到的用单一剖切平面的方法外，还可用以下几种剖切方法来剖切零件，同样可得到全剖视图、半剖视图和局部剖视图。

5.3.1　单一剖切面

单一平面剖切面如图 5.15 所示。

单一柱面剖切如图 5.16 所示。

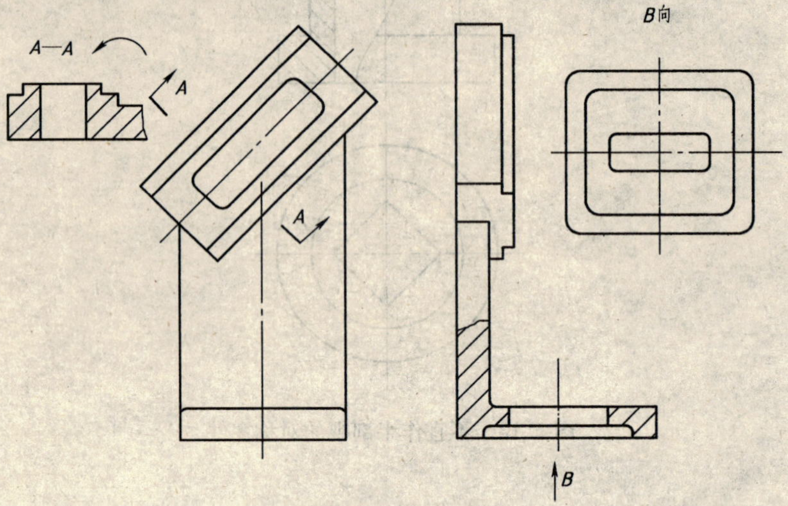

图 5.15　支架上倾斜板的内部结构

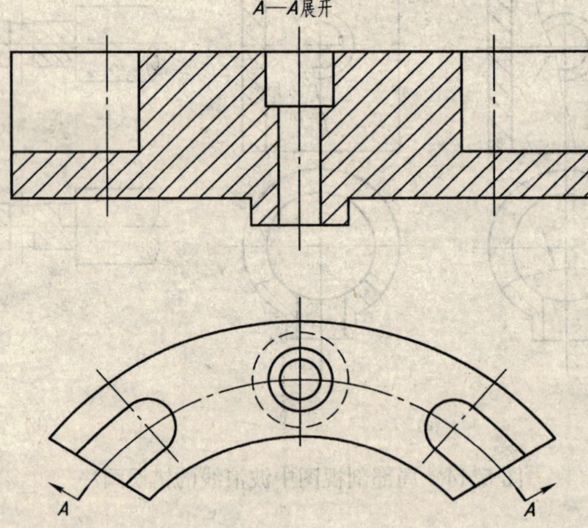

图 5.16　单一圆柱剖切面

5.3.2　用几个平行的剖切平面作阶梯剖

用几个互相平行的剖切平面将零件剖开后作出的剖视图称为阶梯剖视图，如图 5.17 所示。采用阶梯剖方法作剖视图时应注意以下几点。

(1) 剖切平面必须互相平行，并平行于同一投影面。

(2) 剖切平面转折处的剖切线不应与轮廓线重合，如图 5.18(b) 所示。

(3) 阶梯剖必须在剖切平面的起讫处和每一转折处画出剖切线，并注上相同的大写拉丁字母，在相应的剖视图上方注写“×－×”字样，如图 5.19 所示。

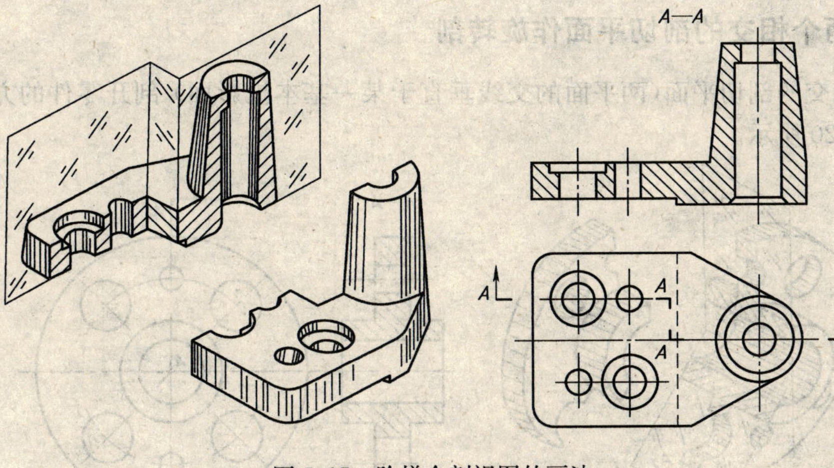

图 5.17　阶梯全剖视图的画法

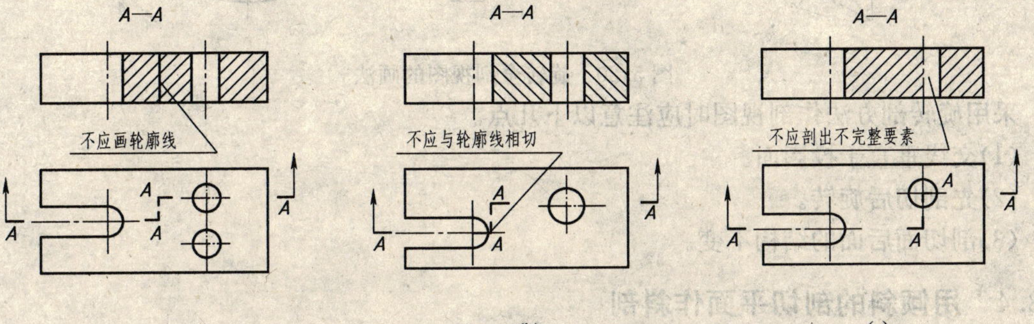

(a)　(b)　(c)

图 5.18　阶梯剖的错误画法及标注

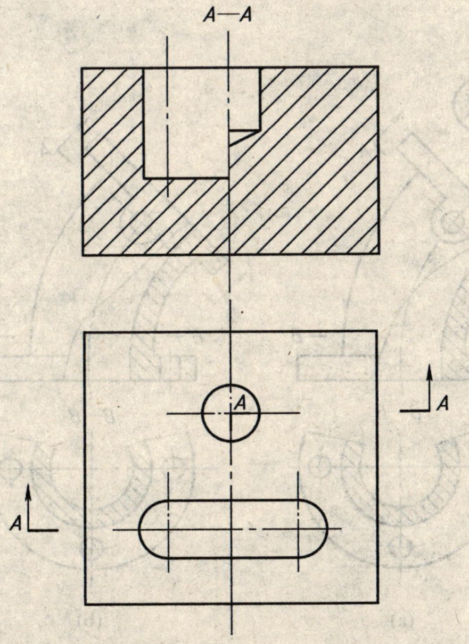

图 5.19　两要素具有公共对称线的阶梯剖画法

5.3.3 用两个相交的剖切平面作旋转剖

用两个相交的剖切平面(两平面的交线垂直于某一基本投影面) 剖开零件的方法称为旋转剖,如图 5.20 所示。

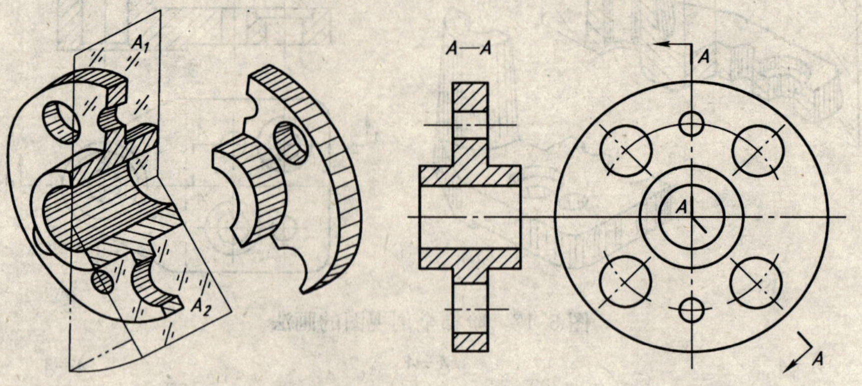

图 5.20 旋转全剖视图的画法

采用旋转剖方法作剖视图时应注意以下几点。

(1)交线垂直于投影面。

(2)先剖切后旋转。

(3)剖切面后面的结构不变。

5.3.4 用倾斜的剖切平面作斜剖

用不平行于任何基本投影面的剖切平面剖开零件的方法称为斜剖。

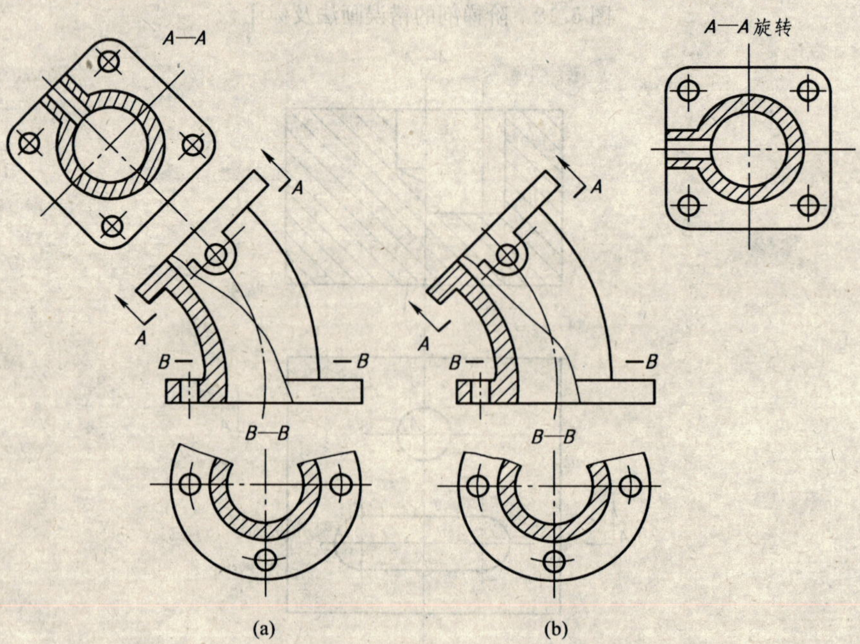

图 5.21 斜剖的剖视图画法

斜剖视主要用来表达零件上倾斜结构的内部形状。

采用斜剖方法作剖视图时应注意以下几点。

(1) 用斜剖作的剖视图,必须按标注的三项内容认真标注,不能省略。

(2) 用斜剖作的剖视图,应尽量按投影关系配置,如图 5.21(a) 所示。

5.3.5 复合剖的剖视图画法

复合剖的剖视图画法,可参照上述各种剖切方法的画法,这里不再重复。对复合剖的标注,要求必须将剖切符号、箭头和字母全部标出,如图 5.22 所示。如剖切线转折处受地位限制,允许省略字母。

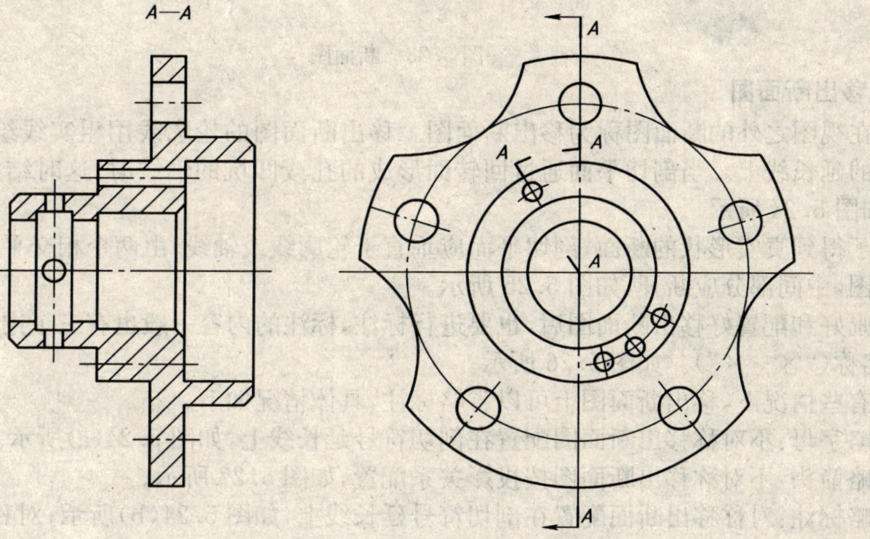

图 5.22 复合剖视图画法

5.4 断面图

5.4.1 断面图的概念

假想用剖切面将机件的某处切断,仅画出剖切面与机件接触部分的图形称为断面图,简称断面。

断面图主要用来表达物体上个别部分的断面形状,如零件上的肋板、轮辐、轴上的键槽和孔等。

断面图和剖视图的区别在于:断面图仅画出物体断面图形,而剖视图除了要画出断面形状外,还需画出剖切面后面其余部分的可见轮廓线,如图 5.23 中断面图与剖视图的对比。

5.4.2 断面图的画法及标注

断面图分为移出断面图和重合断面图两种。

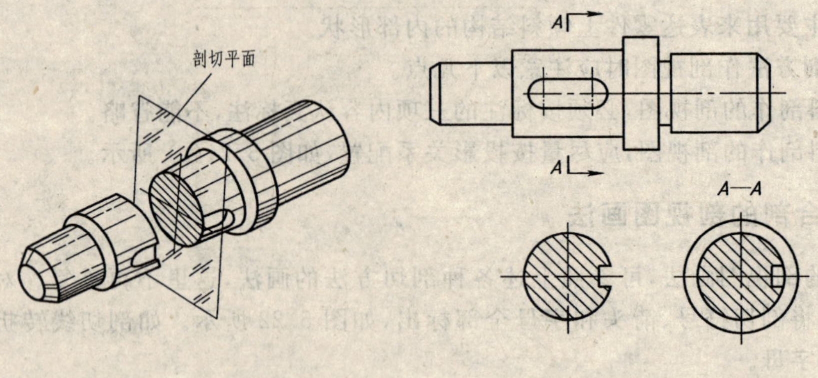

(a) (b)

图 5.23 断面图

1. **移出断面图**

画在视图之外的断面图称为移出断面图。移出断面图的轮廓线用粗实线绘制，应配置在剖切线的延长线上。当剖切平面通过回转面形成的孔或凹坑的轴线时，这时结构均按剖视图绘出，如图 5.24 所示。

为了得到真实形状的断面，剖切平面应垂直于轮廓线或轴线，由两个相交平面剖切出的移出断面图，中间部分应断开，如图 5.25 所示。

在画好和配置好移出断面图后，也要进行标注，标注的内容一般也有三个内容：剖切符号、箭头、名称（"×—×"）。如图 5.26 所示。

在有些情况下，移出断面图上可以省略标注，具体情况如下。

省略字母：不对称移出断面图配置在剖切符号延长线上，如图 5.24(a)所示。

省略箭头：不对称移出断面图按投影关系配置，如图 5.27 所示。

省略标注：对称移出断面配置在剖切符号延长线上，如图 5.24(b)所示；对称的重合断面，如图 5.28(a)所示。

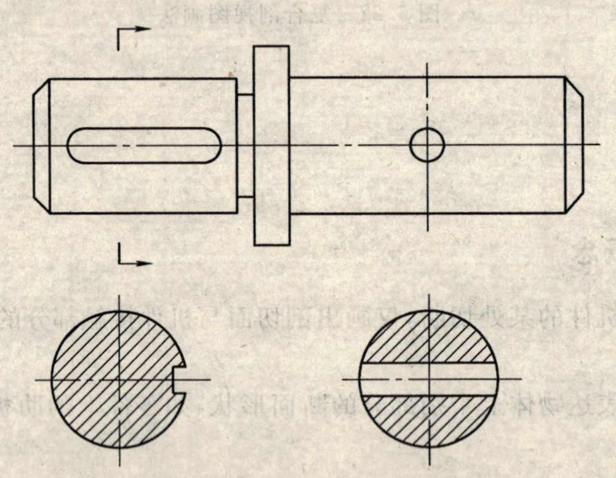
(a) (b)

图 5.24 移出断面图的画法与配置(一)

2. **重合断面图**

画在视图之内的断面图称为重合断面图。重合断面图的轮廓线用细实线绘出。当视图中的轮廓线与重合断面的图形重叠时，视图中的轮廓线仍应连续画出，如图 5.28 所示。

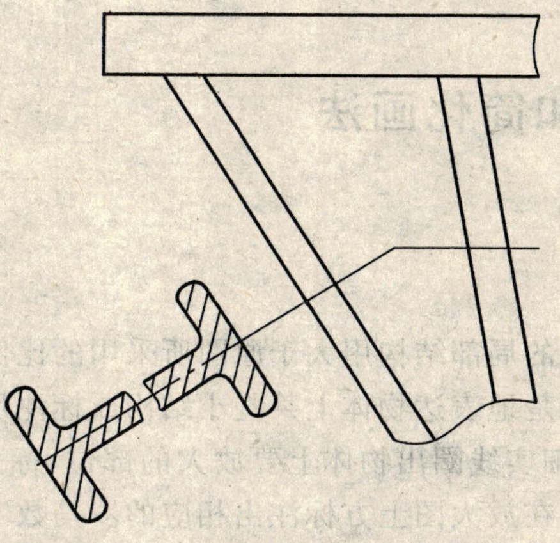

图 5.25　移出断面的画法与配置(二)

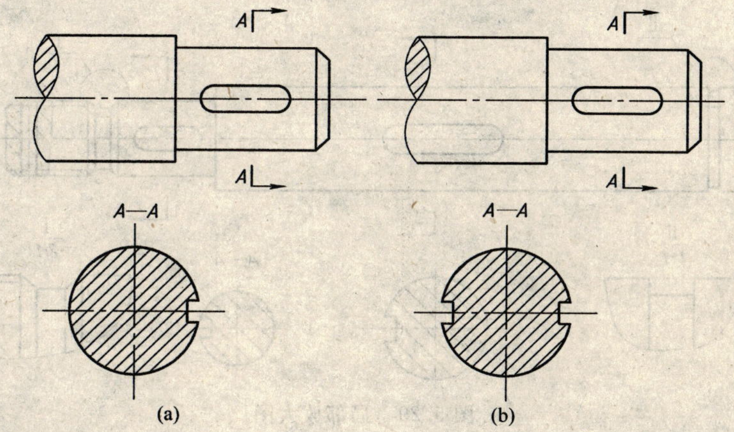

图 5.26　移出断面图的标注

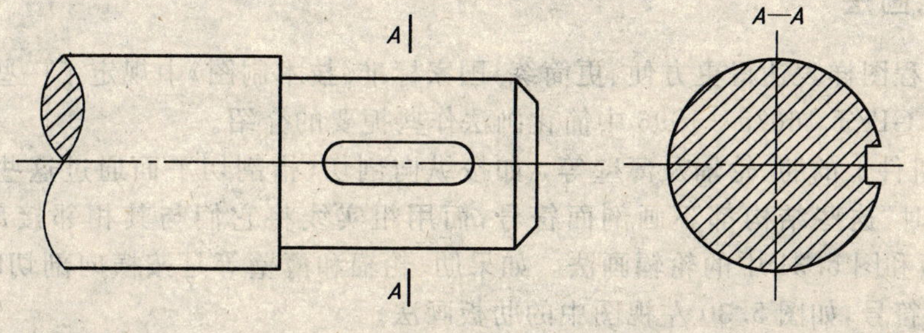

图 5.27　移出断面图的省略标注

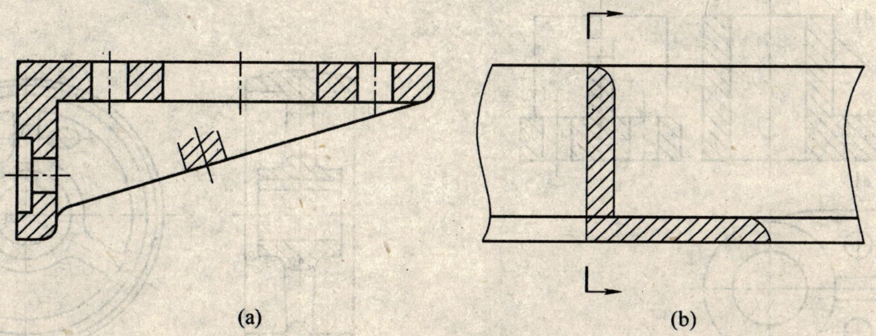

图 5.28　重合断面图

5.5 局部放大图和简化画法

5.5.1 局部放大图

局部放大图是指将机件的局部结构用大于原图所采用的比例画出的图形。

局部放大图主要用来清楚地表达物体上某些小结构或标注尺寸不方便处。

画局部放大图时，应用细实线圈出物体上要放大的部位，标上罗马数字，并将局部放大图配置在被放大部位的附近。在放大图上方标注出相应的罗马数字和采用的比例，如图 5.29 所示。局部放大图可画成视图、剖视图、断面图，与被放大部位的原图表达方式无关。

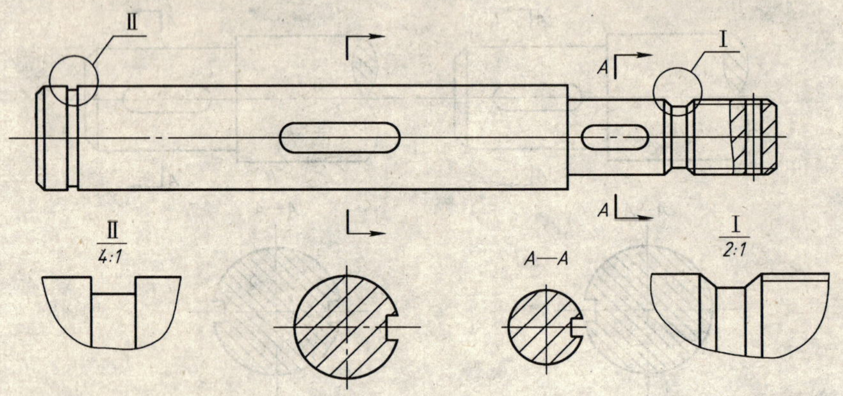

图 5.29　局部放大图

5.5.2 简化画法

为了使工程图样表达得更方便、更简练，国家标准《技术制图》中规定了一些简化画法。下面就国家标准 GB/T 16675—1996 中简化画法作些扼要的介绍。

(1)对于机件上的肋、轮辐及薄壁等，如按纵向剖切(指剖切平面通过这些结构的对称平面进行剖切)时，这些结构都不画剖面符号，而用粗实线将它们与其相邻接部分分开，如图 5.30 中的肋板和图 5.31 中的轮辐画法。如果肋、轮辐和薄壁等是按横向剖切时，这些结构就必须画上剖面符号，如图 5.30 左视图中的肋板画法。

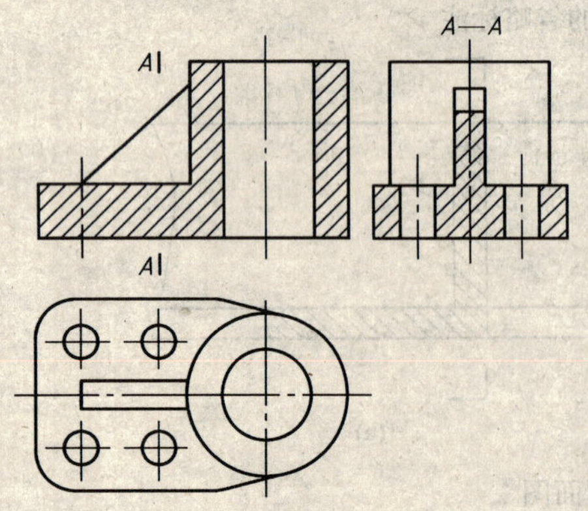

图 5.30　肋的剖视画法

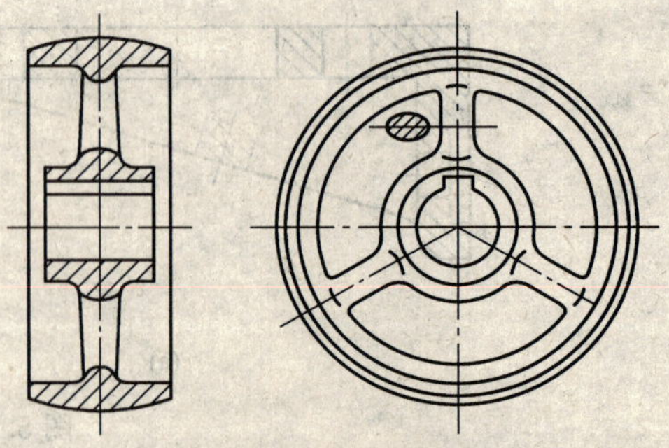

图 5.31　轮辐的剖视画法

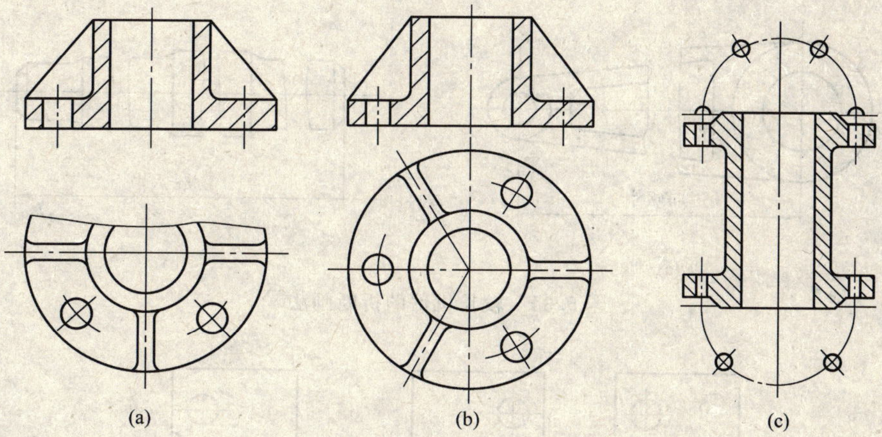

图 5.32　回转体上均匀分布结构的剖视画法

(2)当零件回转体上均匀分布的肋、轮辐、孔等结构不处在剖切平面上时,可将这些结构旋转到剖切平面上画出,如图 5.31 和图 5.32(b)所示。圆柱形法兰和类似零件上均匀分布的孔,可按图 5.32(c)所示的方法表示,孔的位置由机件外向该法兰端面方向投影而定。

(3)在不致引起误解时,对于对称机件的视图可只画一半或四分之一,并在对称中心线的两端画出两条与其垂直的平行细实线,如图 5.33(a)、(b)所示。基本对称的零件仍可按对称的形式绘制,但应对其中不对称的部分加注说明,如图 5.33(c)所示。

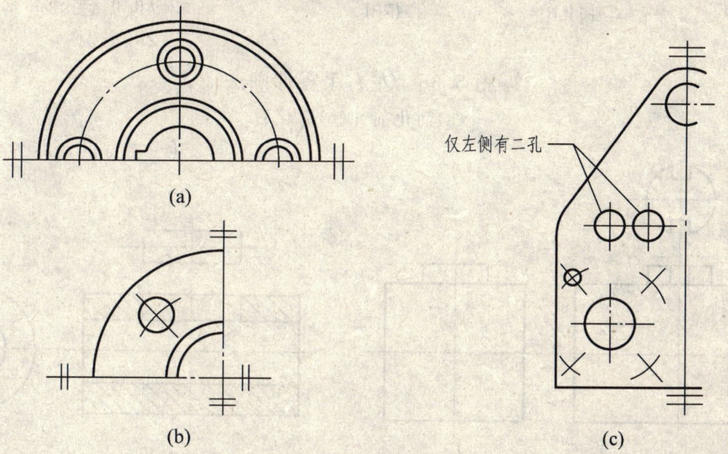

图 5.33　对称视图的简化画法

(4)较长的机件(轴、杆、型材等)沿长度方向的形状一致或按一定规律变化时,可断开后缩短绘制,但必须按原来的实际长度标注尺寸,如图 5.34 所示。

(5)对于左右手两个对称零件,允许仅画出其中一件,另一件则用文字说明,其中“LH”表示左件,“RH”表示右件,如图 5.35 所示。

(6)零件上对称结构的局部视图,可按图 5.36 所示方法绘制。

(7)在需要表示位于剖切平面前的结构时,这些结构可用双点画线按假想投影的轮廓线绘制,如图 5.37 所示。

(8)在不致引起误解的情况下,图样中的剖面符号可省略,如图 5.38 所示。在零件图中,也可以用涂色代替剖面符号。

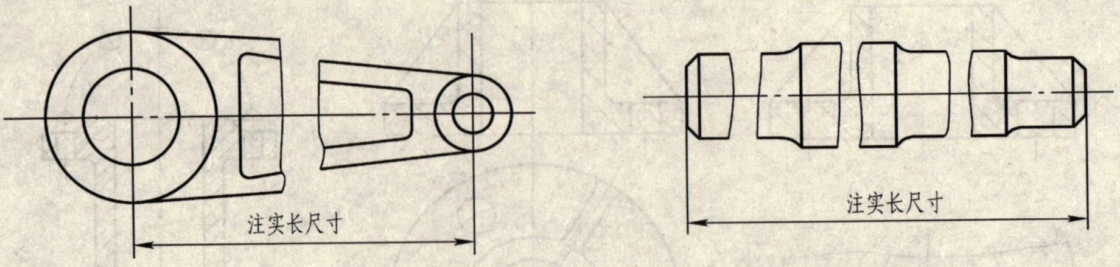

(a) (b)

图 5.34　较长机件的折断画法

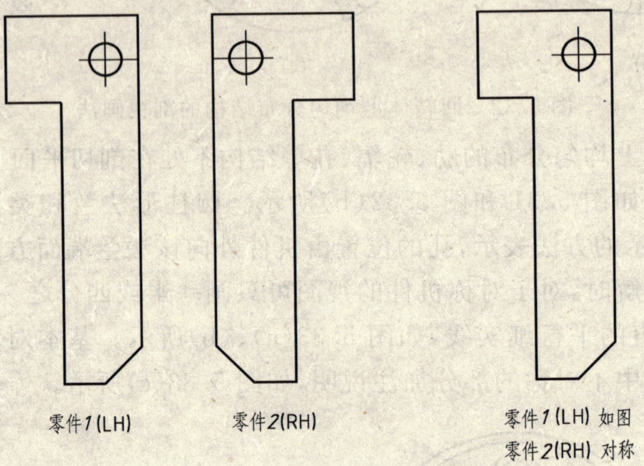

图 5.35　左右手零件画法

(a)简化前　(b)简化后

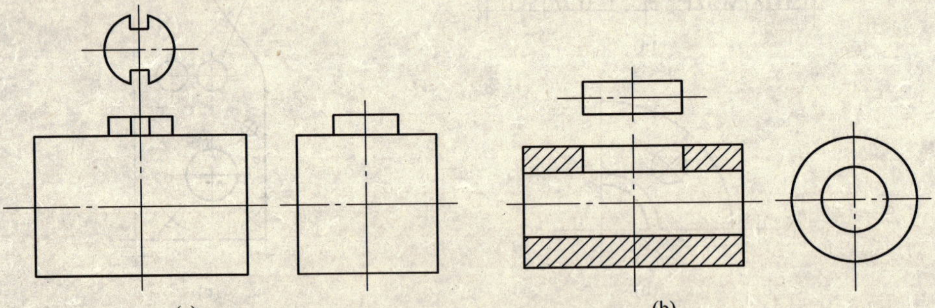

(a) (b)

图 5.36　对称结构的局部视图画法

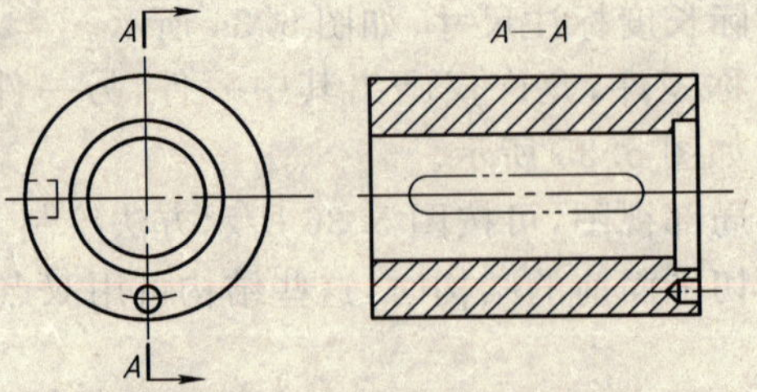

图 5.37　表示被剖掉结构的假想画法

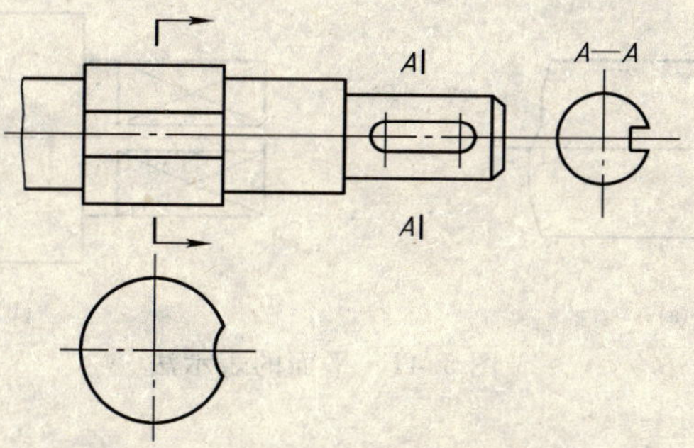

图 5.38　剖面符号的省略画法

(9)在剖视图的剖面中可作一次局部剖视。采用这种方法表达时,两个剖面的剖面线应同方向、同间隔,但要互相错开,并用引出线标注其名称,如图 5.39 所示。

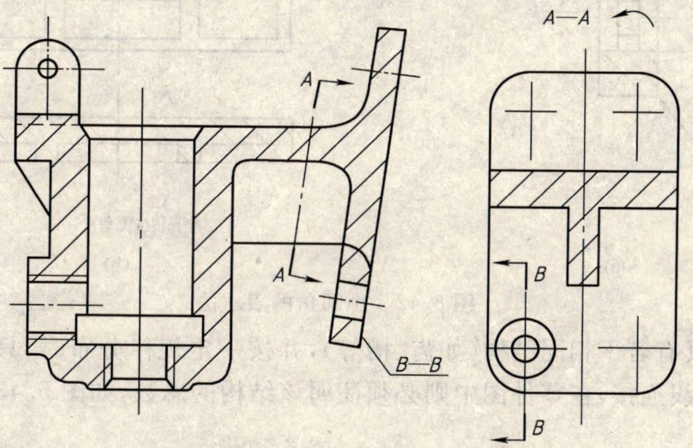

图 5.39　剖视图中作局部剖的画法

(10)当机件上较小的结构及斜度等已在一个图形中表达清楚时,其他图形应当简化或省略,如图 5.40 所示。

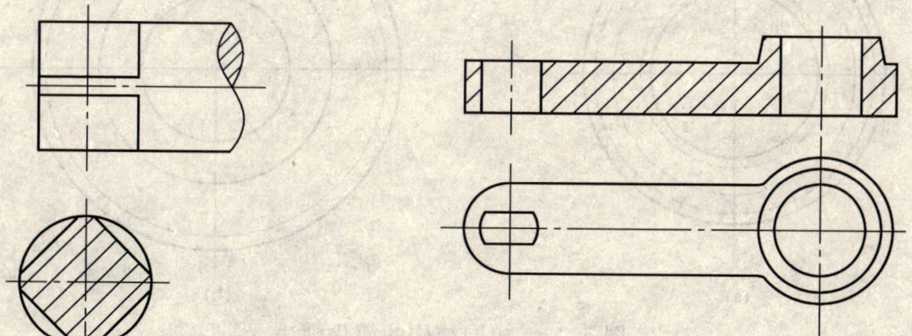

图 5.40　较小结构的简化画法

(11)当回转体零件上的平面在图形中不能充分表达时,可用两条相交的细实线表示这些平面,如图 5.41 所示。

(12)除确属需要表示的某些结构圆角外,其他圆角在零件图中均可不画,但必须注明尺寸,或在技术要求中加以说明,如图 5.42 所示。

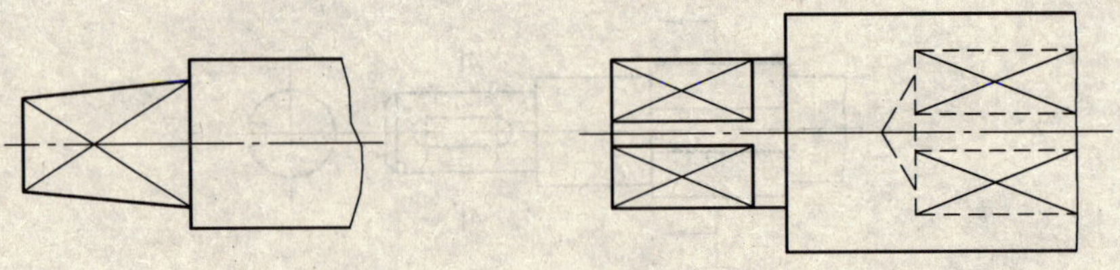
(a) (b)

图 5.41 平面的表示法

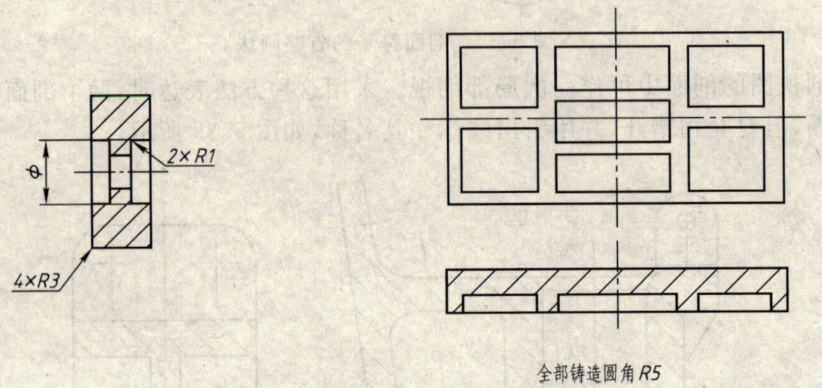

(a) (b)

图 5.42 小圆角的表示法

(13)当机件具有若干相同结构(如齿、槽等),并按一定规律分布时,只需画出几个完整的结构,其余用细实线连接,在零件图中则必须注明该结构的总数,如图 5.43 所示。

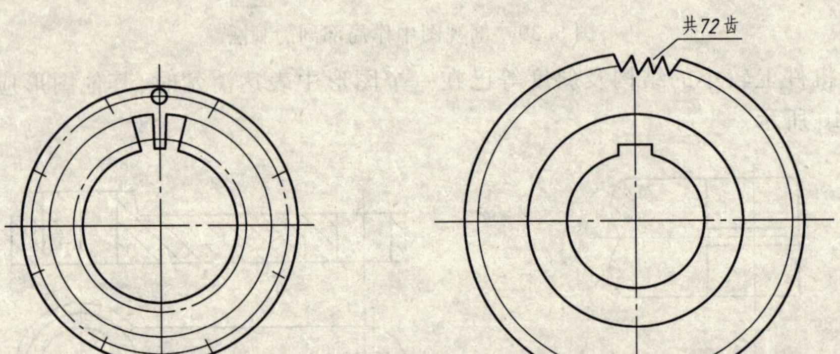

(a) (b)

图 5.43 相同结构的简化画法

(14)若干直径相同且成规律分布的孔,可以画出一个或少量几个,其余只需用细点画线或"+"表示其中心位置,如图 5.44 所示。

(15)滚花一般采用在轮廓线附近用细实线局部画出的方法表示,如图 5.45 所示,也可省略不画。

(16)当圆或圆弧与投影面的倾斜角度小于或等于 30°时,其投影可以用圆或圆弧来代替,如图 5.46 所示。

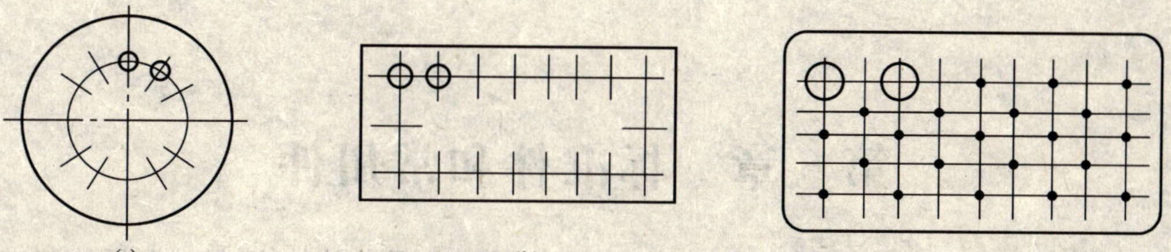

(a) (b) (c)

图 5.44　直径相同且成规律分布孔的简化画法

(a) (b)

图 5.45　滚花的简化画法

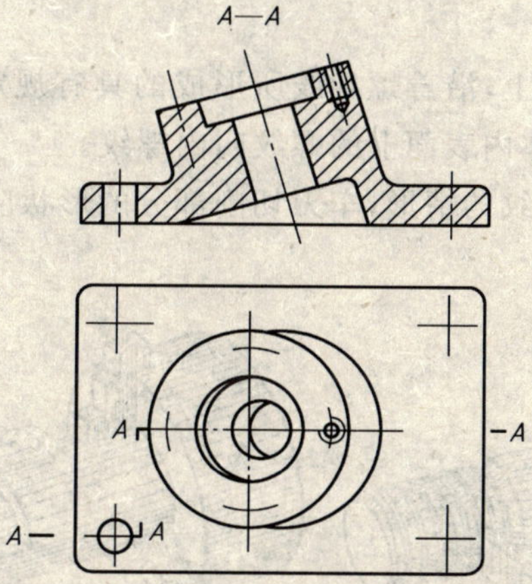

图 5.46　以圆代替椭圆的近似画法

第 6 章 标准件和常用件

在实际生产生活中，有些零件使用较广泛，国家对这些零件的结构、尺寸和画法制定了统一的标准，这些零件称为标准件，例如螺母、螺栓、垫圈等。另外有些零件的机件部分参数标准化、系列化，称为常用件，例如齿轮、弹簧等。

6.1 螺纹及其紧固件

6.1.1 螺纹

1. 螺纹的形成

螺纹是在圆柱或圆锥表面上，沿着螺旋线所形成的具有规定牙型的连续凸起。圆柱体外表面上的螺纹叫外螺纹，圆柱体内表面上的螺纹叫内螺纹。

图 6.1 所示为车床车削螺纹的情形，车刀切削部分的形状应与螺纹断面形状相吻合(如三角形、梯形等)。

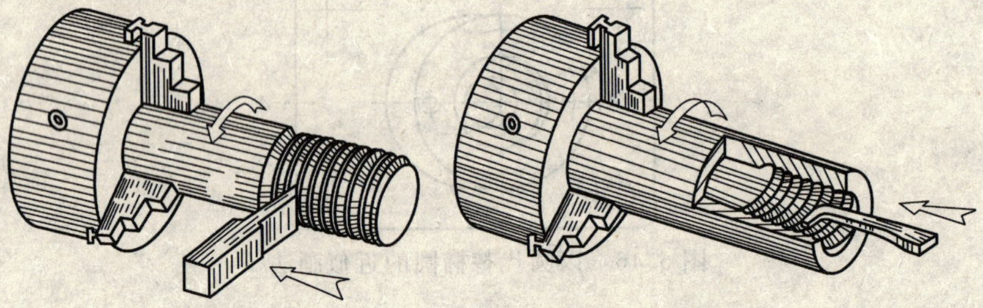

(a)　　　　　　(b)

图 6.1　车床车削螺纹的情形

(a)车外螺纹　(b)车内螺纹

2. 螺纹的要素

只有当内外螺纹的牙型、公称直径、螺距、线数和旋向五个要素完全一致时，才能正常旋合。

(1)螺纹的牙型，是指通过螺纹轴线断面上的螺纹轮廓形状(梯形、三角形、锯齿形和矩形)。

(2)螺纹的大径(小径)，是指与外螺纹牙顶(牙底)或内螺纹牙底(牙顶)相切的假想圆柱或圆锥的直径。而中径是指母线通过牙型上沟槽和凸起宽度相等处的假想圆柱或圆锥的直径。螺纹的公称直径是指大径，如图 6.2 所示。

(3)线数，包括单线和多线，如图 6.3 所示，用 n 表示。沿一条螺旋线形成的螺纹叫做单线

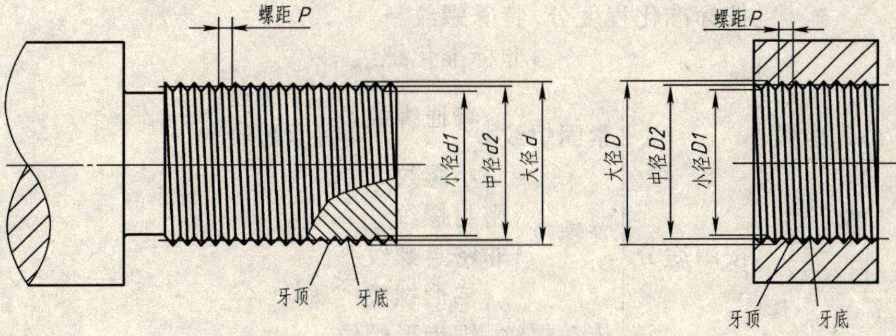

图 6.2　螺纹的结构名称及基本要素

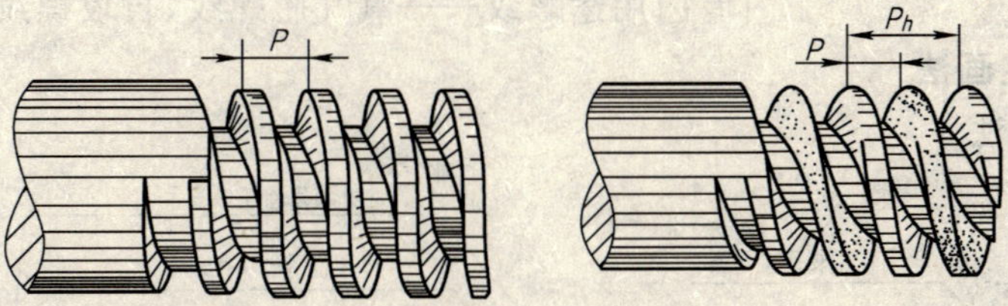

(a)　　　　(b)

图 6.3　线数、螺距与导程

(a)单线螺纹　(b)双线螺纹

螺纹;沿两条或两条以上在轴向等距分布的螺旋线所形成的螺纹叫做多线螺纹。

(4)螺距,是指螺纹上相邻两牙在中径线上对应点间的轴向距离,通常用 P 表示。

同一螺旋线上,相邻两牙在中径线上对应点间的轴向距离称为导程,通常用 P_h 表示,如图 6.3 所示。导程与螺距、线数三者的关系是:单线螺纹,$P_h=P$;多线螺纹,$P_h=nP$。

(5)旋向有右旋(常用)和左旋,如图 6.4 所示。

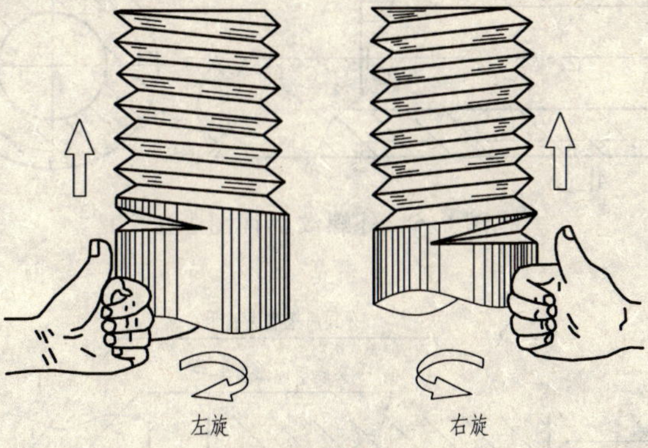

图 6.4　螺纹旋向的判定

3. **螺纹的分类**

螺纹的具体分类情况如下。

- 螺纹
  - 按标准化程度分
    - 标准螺纹
    - 特殊螺纹
    - 非标准化螺纹
  - 按用途分
    - 紧固螺纹
      - 普通螺纹
        - 粗牙螺纹
        - 细牙螺纹
      - 小螺纹
    - 管螺纹
      - 密封螺纹
      - 非密封螺纹
    - 传动螺纹
      - 梯形螺纹
      - 锯齿形螺纹
      - 矩形螺纹
    - 专门用途螺纹——氧气瓶螺纹、自攻螺纹等

4. 螺纹的规定画法

1)外螺纹的画法

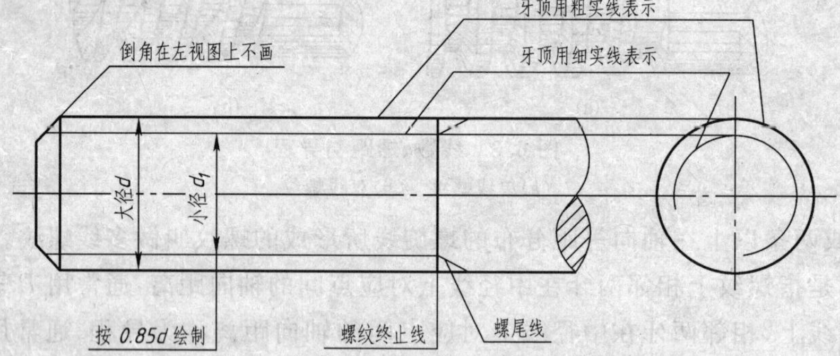

图 6.5 外螺纹的画法

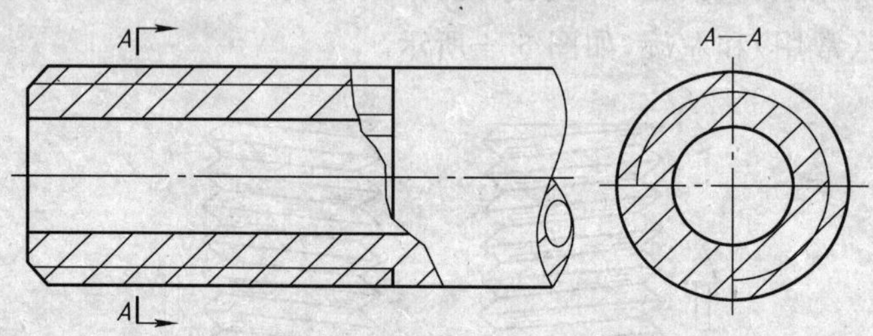

图 6.6 外螺纹剖视图画法

2)内螺纹的画法

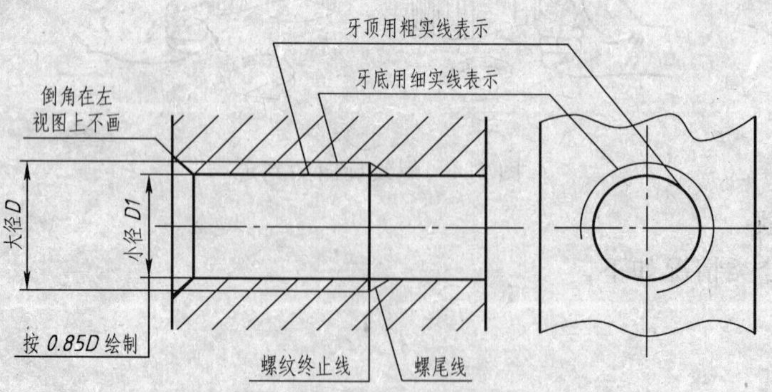

图 6.7 内螺纹的画法

3)螺纹连接的画法

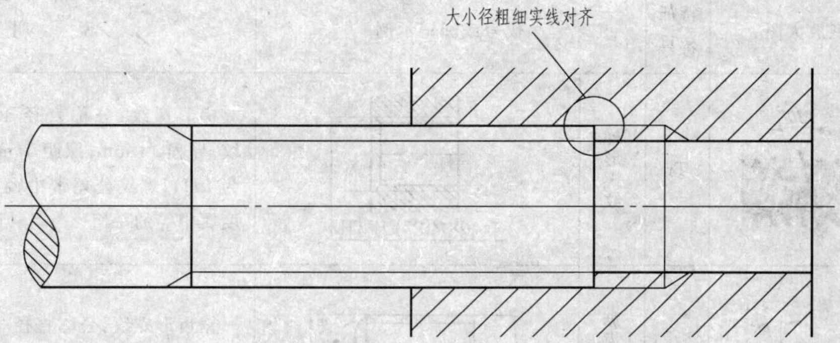

图 6.8　螺纹连接的画法

应注意事项如下。

(1)牙顶用粗实线表示(外螺纹的大径线,内螺纹的小径线)。

(2)牙底用细实线表示(外螺纹的小径线,内螺纹的大径线)。

(3)在投影为圆的视图上,表示牙底的细实线圆只画约 3/4 圈。

(4)螺纹终止线用粗实线表示。

(5)不管是内螺纹还是外螺纹,其剖视图或断面图上的剖面线都必须画到粗实线。

(6)当需要表示螺纹收尾时,螺尾部分的牙底线与轴线成 30°。

5. 螺纹的标注

螺纹的标注的具体内容见表 6.1。

表 6.1　螺纹的标记

螺纹种类	牙型放大图	特征符号	代号或标记示例		说　明
普通螺纹	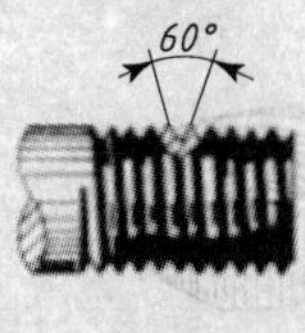	M	粗牙	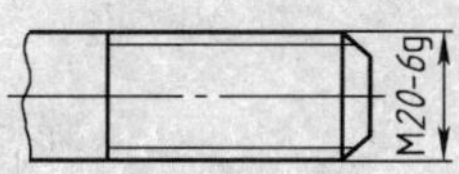	粗牙普通螺纹:公称直径 20 mm;右旋;螺纹公差带中径、大径均为 6g;旋合长度属中等的一组
			细牙	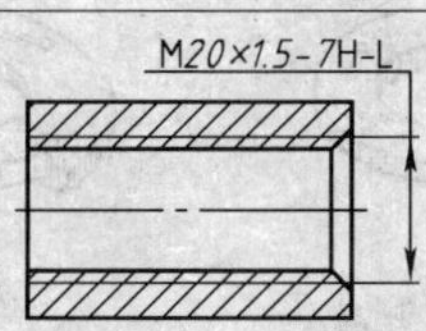	细牙普通螺纹:公称直径 20 mm;右旋;螺纹公差带中径、小径匀为 7H;旋合长度属长的一组(螺距为 1.5 mm)
管螺纹	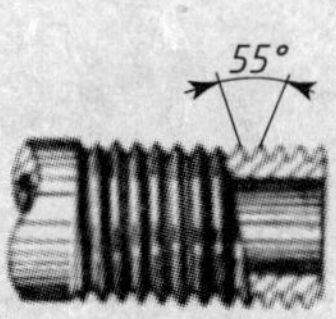	G	非螺纹密封管的螺纹	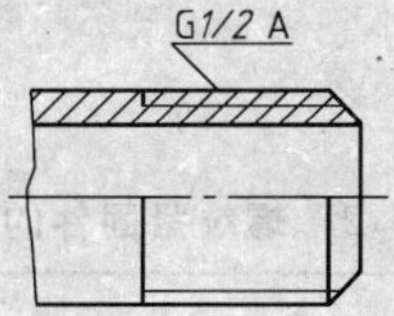	非螺纹密封的外管螺纹;尺寸代号 1/2 英寸;公差等级为 A 级;右旋;用引出标注
	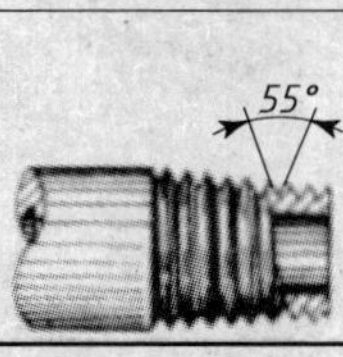	Rc Rp R	用螺纹密封的管螺纹	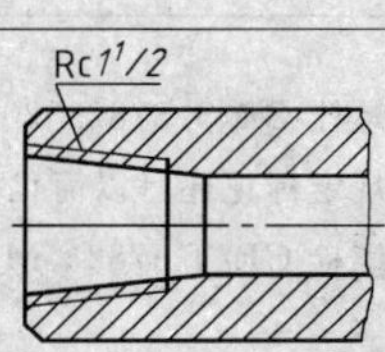	用螺纹密封的圆锥内管螺纹:尺寸代号 1½ 英寸;右旋;用引出标注 R_P、R 分别是用螺纹密封的圆柱内管螺纹、圆锥外管螺纹的牙型代号

续表

螺纹种类	牙型放大图	特征符号	代号或标记示例		说明
传动螺纹	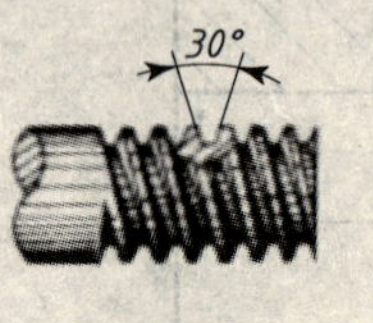	Tr	梯形螺纹	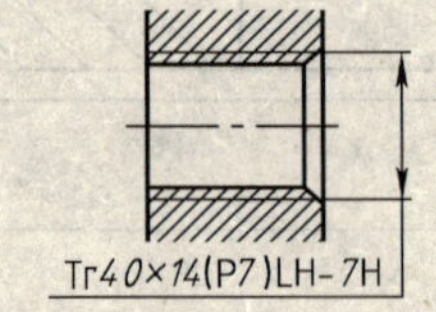	梯形螺纹：公称直径 40 mm；双线螺纹；导程 14 mm；螺距 7 mm；右旋（代号为 LH）；螺纹公差带中径为 7H；旋合长度属中等的一组
	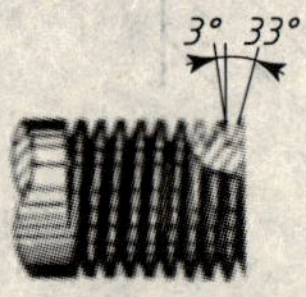	B	锯齿形螺纹	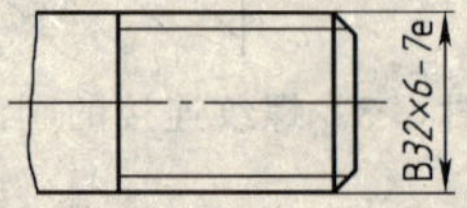	锯齿形螺纹：公称直径 32 mm；单线螺纹；螺距 6 mm；右旋；中径为 7e；旋合长度属中等的一组。

6.1.2 螺纹紧固件

常用的螺纹紧固件有：螺栓、螺钉、螺柱、螺母和垫圈等。螺纹紧固件的种类很多，其中最常见的如图 6.9 所示。由于这类零件都是标准件，通常只需用简化画法画出它们的装配图，同时给出它们的规定标记。标记方法按“GB”有关规定。

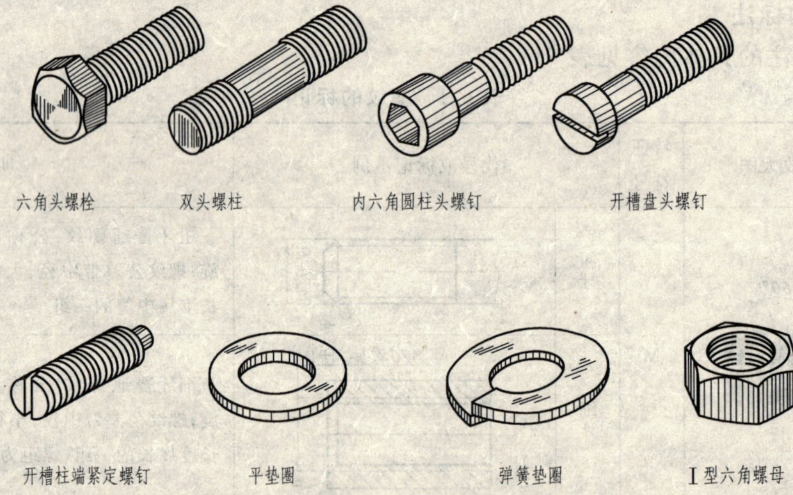

图 6.9 常见的螺纹紧固件

1. 螺纹紧固件的标记

螺纹紧固件的标记如表 6.2 所示。

表 6.2 螺纹紧固件的标记

名称及简图	规定标记示例
六角头螺栓 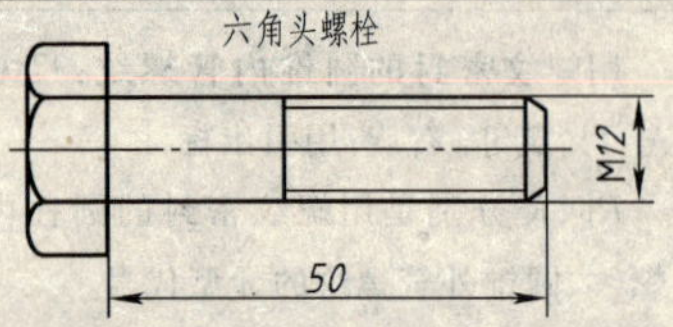	螺栓 GB/T 5782—2000 M12×50 规定标记还可以简化为： 螺栓 GB/T 5782 M12×50

续表

名称及简图	规定标记示例
开槽圆柱头螺钉 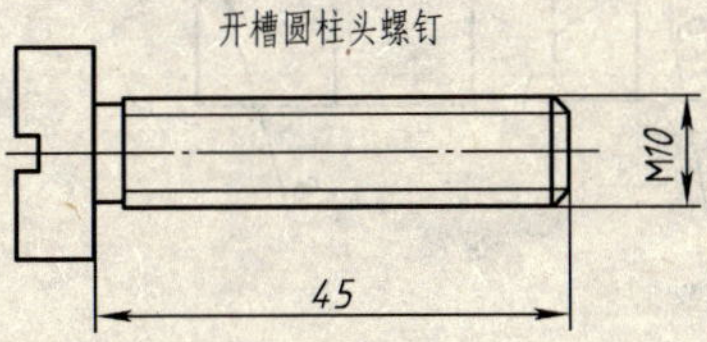	螺钉 GB/T 67—2000　M10×45 规定标记还可以简化为： 螺钉 GB/T 67　M10×45
螺柱 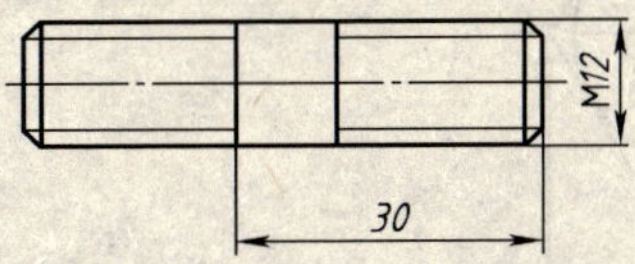	螺柱 GB/T 899—1988　M12×30 规定标记还可以简化为： 螺栓 GB/T 899　M12×30
开槽锥端紧定螺钉 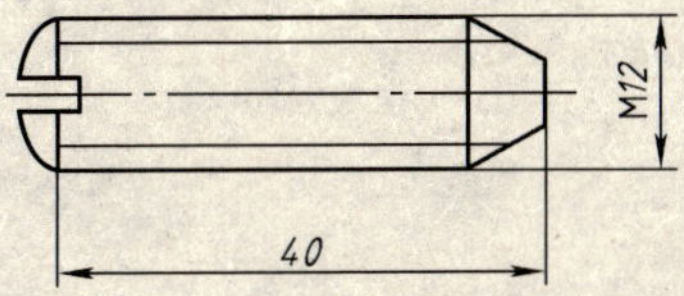	螺钉 GB/T 71—2000　M12×40 规定标记还可以简化为： 螺钉 GB/T 71　M12×40
内六角圆柱头螺钉 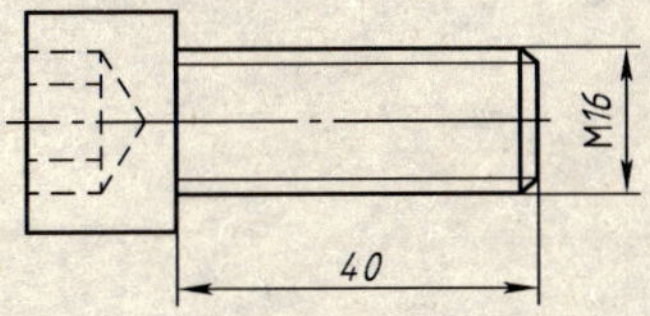	螺钉 GB/T 70.1—2000　M16×40 规定标记还可以简化为： 螺钉 GB/T 70.1　M16×40
Ⅰ型六角螺母 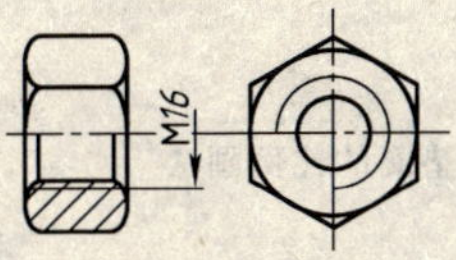	螺母 GB/T 6170—2000　M16 规定标记还可以简化为： 螺母 GB/T 6170　M16
平垫圈 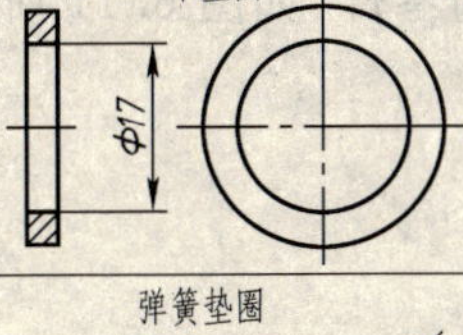	垫圈 GB/T 97.1—2002　16－200HV 规定标记还可以简化为： 垫圈 GB/T 97.1　16－200HV
弹簧垫圈 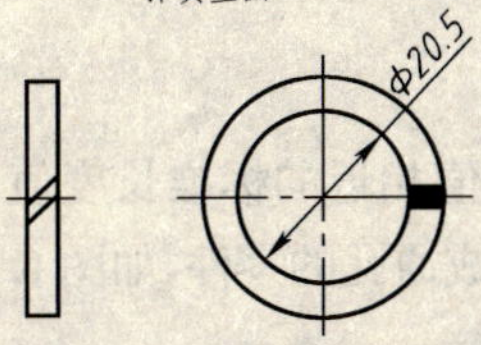	垫圈　GB/T 93—1987　20 规定标记还可以简化为： 垫圈　GB/T 93　20

2. 常用紧固件的比例画法

以螺纹的公称直径为主要参数，其余各部分结构尺寸均按与公称直径（d、D）成一定比例关系绘制，如图 6.10 所示。

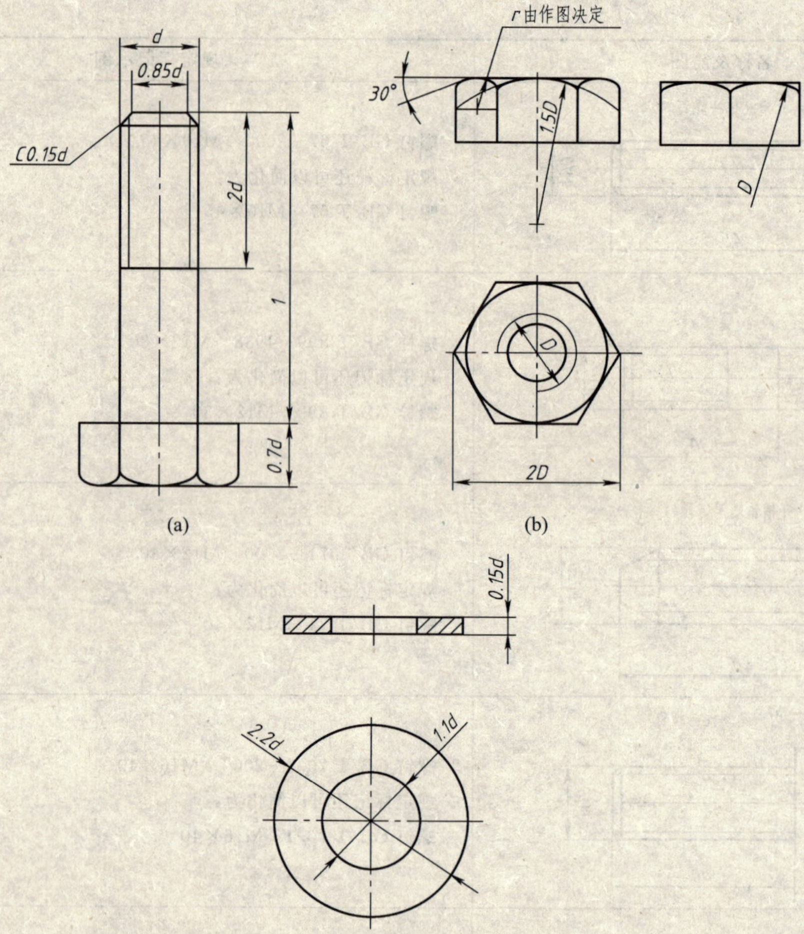

图 6.10 螺栓、螺母、垫圈的比例画法

(a)六角头螺栓的比例画法 (b)六角螺母的比例画法 (c)垫圈的比例画法

3. 螺纹紧固件的连接画法

(1)螺栓连接——适用于连接两个不太厚的并能钻成通孔的零件,如图 6.11 所示。其中螺栓长度 l 可按下式估算:

$$l \geqslant \delta_1 + \delta_2 + h + m + a$$

$$h = 0.15d$$

$$m = 0.8d$$

$$a = 0.3d$$

根据上式的估算值,从有关手册中(参见本书附表)选取与估算值相近的标准长度值作为 l 值。

(2)螺柱连接——适用于被连接的零件中有一个较厚,不便于做成通孔的零件,如图 6.12 所示。绘制螺柱时应注意以下几点。

①螺柱的公称长度 l 可按下式估算:

$$l \geqslant \delta + 0.15d + 0.8d + 0.3d$$

根据上式的估算值,从有关手册中选取与估算值相近的标准长度值作为 l 值。

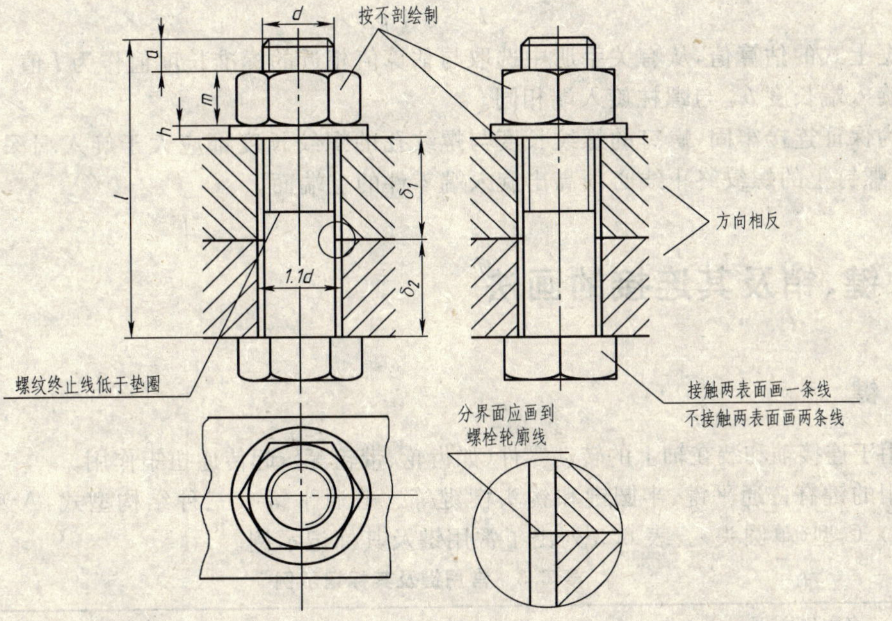

图 6.11　螺栓连接

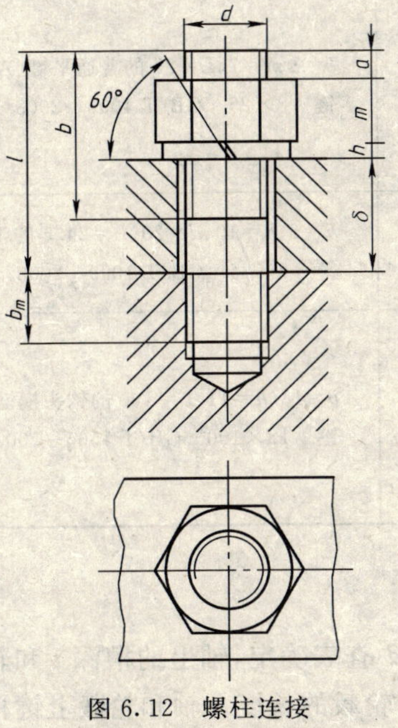

图 6.12　螺柱连接

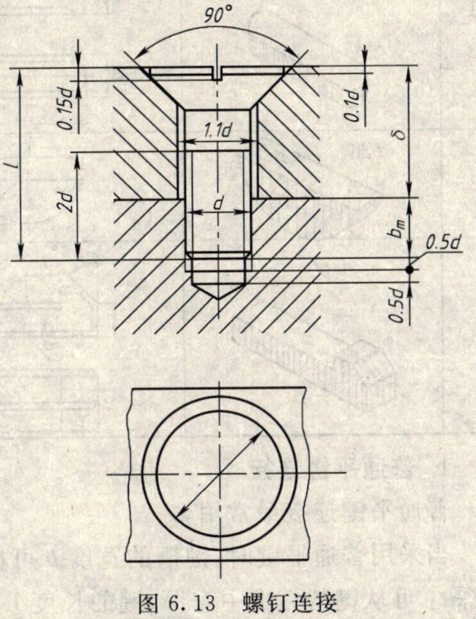

图 6.13　螺钉连接

②旋入端长度 b_m 与被旋入零件的材料有关，为保证连接牢固，应使旋入端完全旋入孔中，即在装配图上旋入端的螺纹终止线与孔口端面平齐。

③被连接件上的螺孔的深度应稍大于 b_m，一般取螺纹长度加 $0.5d$。

(3)螺钉连接——适用于受力不大的零件之间的连接，其中一个被连接件为不通孔，如图 6.13 所示。

绘制螺钉时应注意以下几点。

①螺钉的公称长度 l 可按下式估算：

$$l \geqslant \delta + b_m$$

根据上式的估算值，从有关手册中选取与估算值相近的标准长度值作为 l 值。

②旋入端长度 b_m 与螺柱旋入端相同。

③为保证连接牢固，螺钉的螺纹长度与螺纹孔的螺纹长度都应大于旋入端深度。即装入螺钉后，螺钉上的螺纹终止线必须高出旋入端零件的上端面。

6.2 键、销及其连接的画法

6.2.1 键

键用于连接轴和装在轴上的转动零件（如齿轮、带轮等），起传递扭矩作用。

常用的键有普通平键、半圆键和钩头楔键等。普通平键有三种结构型式：A 型（圆头）、B 型（平头）、C 型（单圆头）。表 6.3 列出了常用键及其标记示例。

表 6.3　常用键及其标记示例

	名称（标准号）	图　例	标记
1	普通平键 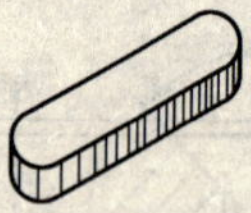	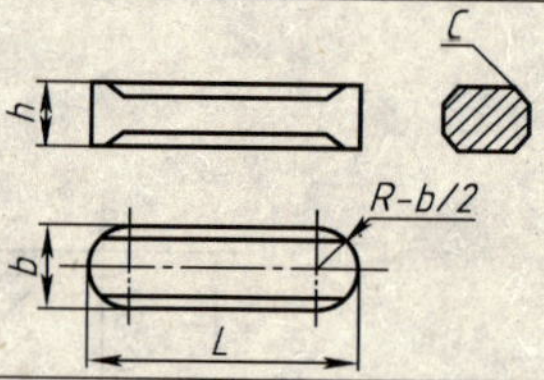	$b=8$、$h=7$、$L=25$ 的普通平键（A 型）： 键　8×25　GB/T 1096—2003
2	半圆键 	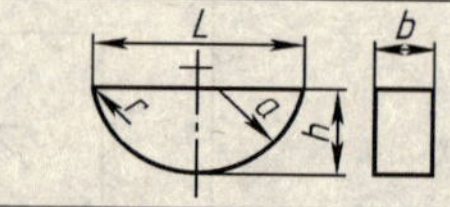	$h=6$、$h=10$、$d=25$、$L=24.5$ 的半圆键： 键　8×25　GB/T 1099—2003
3	钩头楔键 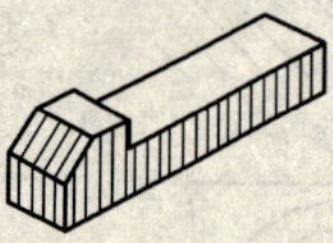	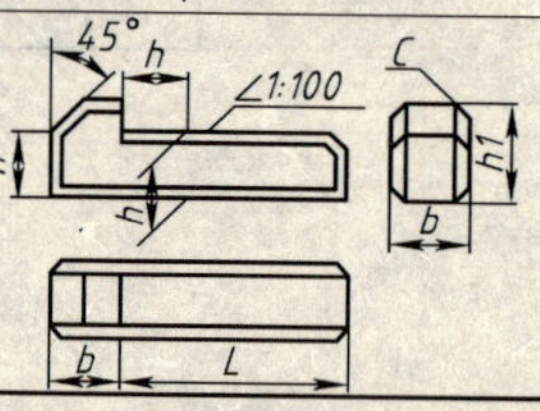	$b=18$、$h=11$、$L=100$ 的钩头楔键： 键　18×100　GB/T 1565—2003

1. 普通平键连接

普通平键连接最常用。

当采用普通平键时，键槽的宽度 b 可根据轴的直径 d 查表确定，轴上的槽深 t 和轮毂上的槽深 t_1 可从键的标准中查得，键的长度 L 应小于或等于轮毂的长度。轴和轮毂上键槽的表达方式及尺寸标注如图 6.14(a)、(b)所示。

当剖切平面通过轴线或对称面时，键和轴按不剖绘制。但当键被剖切面横向剖切时，键按剖视绘制。键的上表面和轮毂上键槽的底面为非接触面，应画两条图线，如图 6.15 所示。

2. 半圆键连接

半圆键连接常用于载荷不大的传动轴上，有自动调位功能。

键槽的表示方法和装配画法如图 6.16 所示。

3. 钩头楔键连接

钩头楔键连接，上底面有 1∶100 的斜度，连接时沿轴向把键打入键槽内，直至打紧为止。

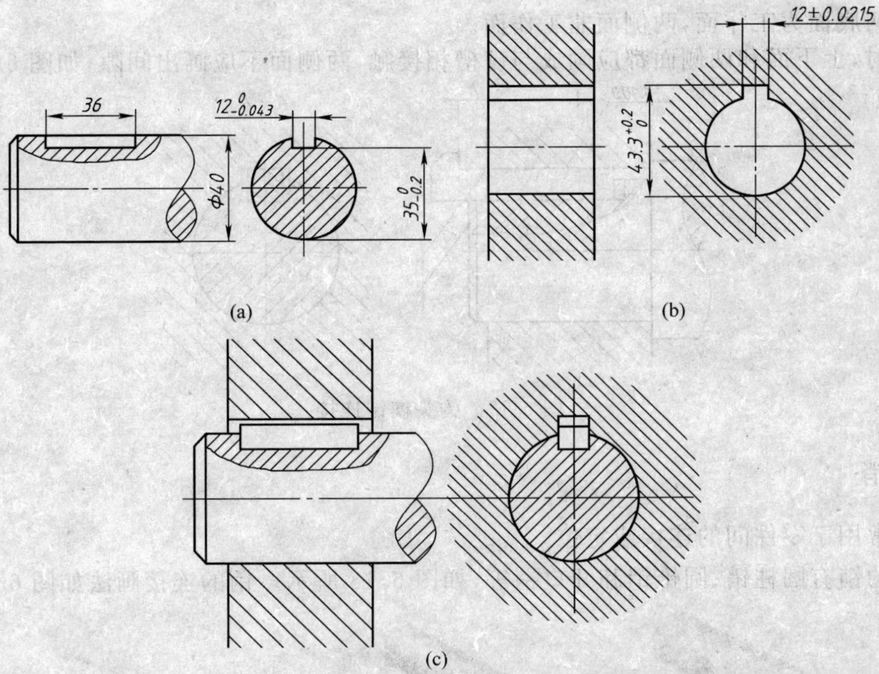

图 6.14　普通平键连接

(a)轴槽的尺寸　(b)毂槽的尺寸　(c)轴、齿轮、键的装配画法

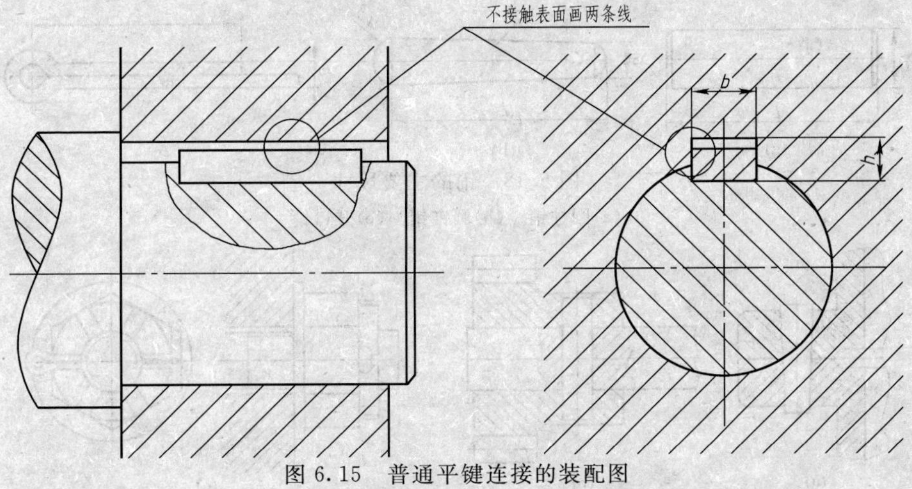

图 6.15　普通平键连接的装配图

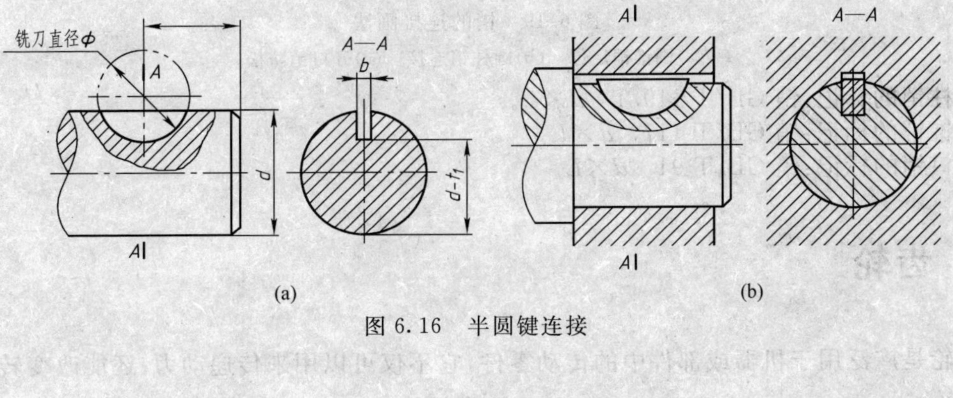

图 6.16　半圆键连接

因此上下两底面为工作面，两侧面非工作面。

连接时，上下面和两侧面都应画成与键槽相接触，两侧面不应画出间隙，如图 6.17 所示。

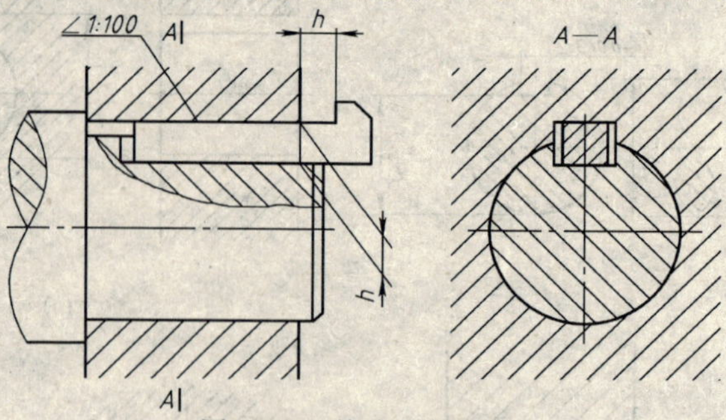

图 6.17　钩头楔键连接

6.2.2　销

销通常用于零件间的连接或定位。

常用的销有圆柱销、圆锥销和开口销等，如图 6.18 所示。销的连接画法如图 6.19 所示。

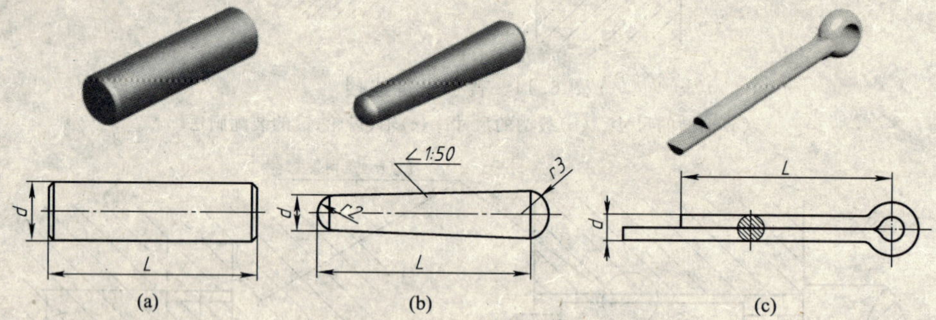

图 6.18　销的主要尺寸

(a)圆柱销　(b)圆锥销　(c)开口销

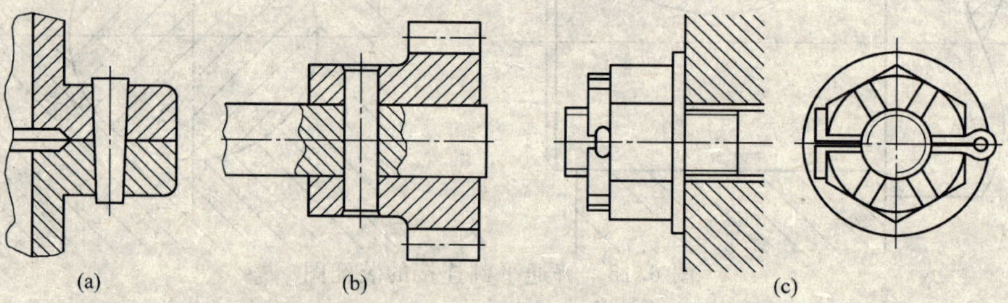

图 6.19　销的连接画法

(a)圆锥销定位　(b)圆柱销连接　(c)开口销防松

圆柱销的标记：销 GB/T 119.1　$d \times L$。

圆锥销的标记：销 GB/T 117　$d \times L$。

开口销的标记：销 GB/T 91　$d \times L$。

6.3　齿轮

齿轮是广泛用于机器或部件中的传动零件，它不仅可以用来传递动力，还能改变转速和运动方向。

常见齿轮类型包括圆柱齿轮、锥齿轮、蜗轮蜗杆三种。

圆柱齿轮用于两平行轴之间的传动，如图 6.20(a)所示。

锥齿轮用于两相交轴之间的传动，如图 6.20(b)所示。

蜗轮蜗杆用于两垂直交叉轴之间的传动，如图 6.20(c)所示。

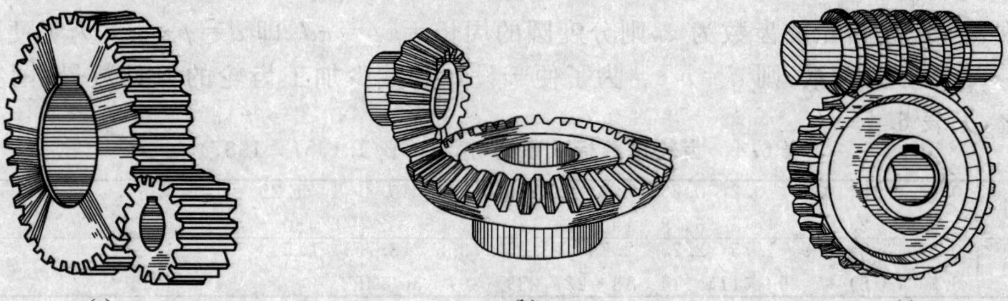

图 6.20　常见的齿轮传动

(a)圆柱齿轮　(b)锥齿轮　(c)蜗轮蜗杆

6.3.1　圆柱齿轮

圆柱齿轮的轮齿有直齿、斜齿、人字齿等，本节主要介绍直齿圆柱齿轮。

1. 直齿圆柱齿轮各部分的名称和尺寸代号

直齿圆柱齿轮各部分的名称和尺寸代号如图 6.21 所示。

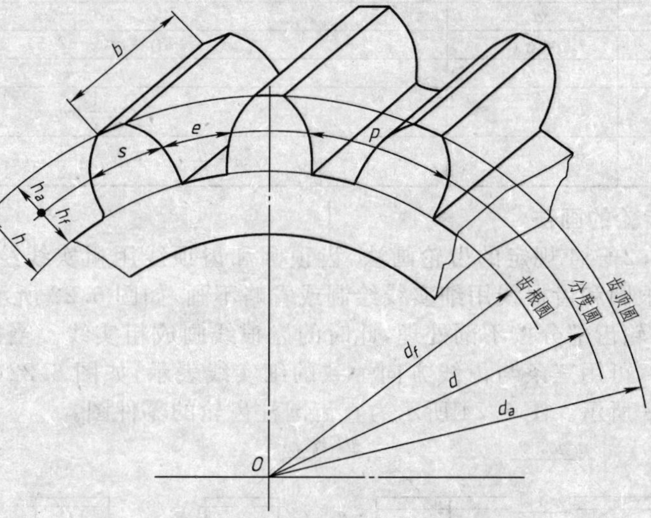

图 6.21　直齿圆柱齿轮各部分的名称和尺寸代号

齿顶圆直径 d_a——齿轮齿顶所在圆的直径。

齿根圆直径 d_f——齿轮齿槽底所在圆的直径。

分度圆直径 d——设计、制造齿轮时进行计算和分齿的基准圆，是假想圆。

齿厚 s——在分度圆上，同一齿两侧齿廓之间的弧长。

齿槽 e——在分度圆上，齿槽宽度的一段弧长。

齿距 p——在分度圆上，相邻两齿同侧齿廓之间的弧长，$p=s+e$。

齿顶高 h_a——齿顶圆与分度圆之间的径向距离。

齿根高 h_f——齿根圆与分度圆之间的径向距离。

全齿高 h——齿顶圆与齿根圆之间的径向距离，$h=h_a+h_f$。

中心距 a——两齿轮回转中心的连线的长度。

压力角 α——齿轮啮合时，齿廓在节点处的公法线与两节圆的公切线所夹的锐角，标准齿轮啮合时压力角为20°。

模数 m——设齿轮的齿数为 z，则分度圆的周长$=zp=\pi d$，即 $d=pz/\pi$。为了便于计算和测量，取 $m=p/\pi$ 为参数，则 $d=mz$。为了便于设计和减少加工齿轮的刀具数量，国家已将模数标准化，见表 6.4。

表 6.4 齿轮模数标准系列（摘自 GB/T 1357—1987）

第一系列	0.1 0.12 0.15 0.2 0.25 0.3 0.4 0.5 0.6 0.8 1 1.25 1.5 2 2.5 3 4 5 6 8 10 12 16 20 25 32 40 50
第二系列	0.35 0.7 0.9 1.75 2.25 2.75 (3.25) 3.5 (3.75) 4.5 5.5 (6.5) 7 9 (11) 14 18 22 28 (30) 36 45

注：在选用模数时，应优先选用第一系列的模数，其次是第二系列，括号内的尽可能不用。

使两个齿轮正确啮合的条件是：它们的模数和压力角必须分别相等。在设计齿轮时，首先根据需要选择模数和齿数，然后由模数和齿数计算出齿轮其他部分的尺寸。直齿圆柱齿轮各部分尺寸计算公式见表 6.5。

表 6.5 直齿圆柱齿轮的尺寸公式

各部分名称	代号	公式
分度圆直径	d	$d=mz$
齿顶高	h_a	$h_a=m$
齿根高	h_f	$h_f=1.25m$
齿顶圆直径	d_a	$d_a=m(z+2)$
齿根圆直径	d_f	$d_f=m(z-2.5)$
齿距	p	$p=\pi m$
齿厚	s	$s=\frac{1}{2}\pi m$
中心距	a	$a=\frac{1}{2}(d_1+d_2)=\frac{1}{2}m(z_1+z_2)$

2. 直齿圆柱齿轮的画法

根据 GB 4459.2—84 规定的齿轮画法，齿顶圆和齿顶线用粗实线绘制，分度圆和分度线用点画线绘制，齿根圆和齿根线用细实线绘制或省略不画，如图 6.22 所示。在剖视图上，当剖切平面通过轴线时轮齿部分按不剖处理，此时的齿根线画成粗实线。当需要表示斜齿与人字齿的齿线的形状时，可用三条与齿线方向一致的细实线表示，如图 6.22(c)(d)所示。齿轮的啮合画法如图 6.23 所示。图 6.24 所示为直齿圆柱齿轮的零件图。

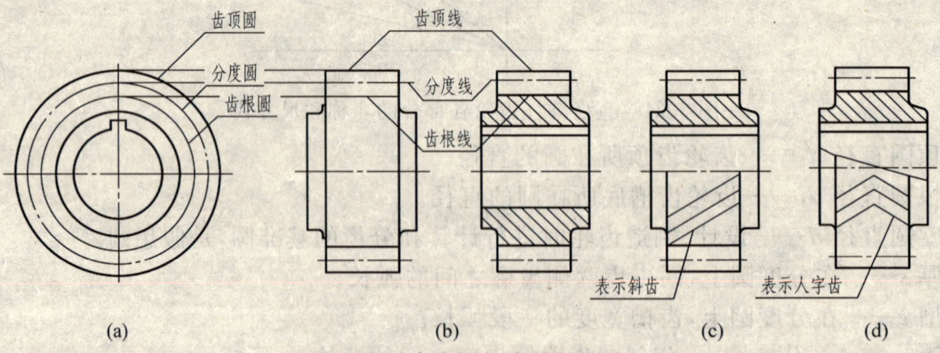

图 6.22 直齿圆柱齿轮的画法

(a)直齿；(b)直齿；(c)斜齿；(d)人字齿

3. 圆柱齿轮啮合的画法

图 6.23 所示是两个齿轮啮合的画法。在投影为圆的视图中，两齿轮的节圆相切，用点画线绘制；啮合区域内的齿顶圆用粗实线绘制（如图 6.23(b)所示）或省略不画（如图 6.23(d)所示）；齿根圆用粗实线绘制（如图 6.23(b)所示）或省略不画（如图 6.23(d)所示）。

在零件图中，轮齿部分的径向尺寸仅标注出分度圆直径和齿顶圆直径即可。轮齿部分的轴向尺寸仅标注齿宽和倒角。其他参数，如模数、齿轮等，可在位于图纸右上角的参数表中给出，如图 6.24 所示。

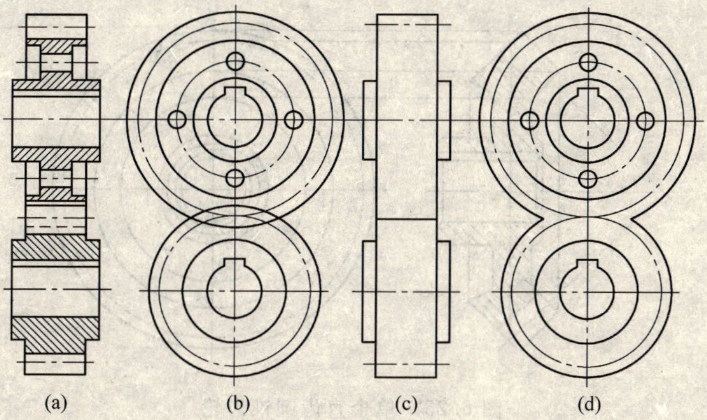

图 6.23　齿轮的啮合画法

(a)全剖主视图　(b)左视图　(c)外形图　(d)省略画法

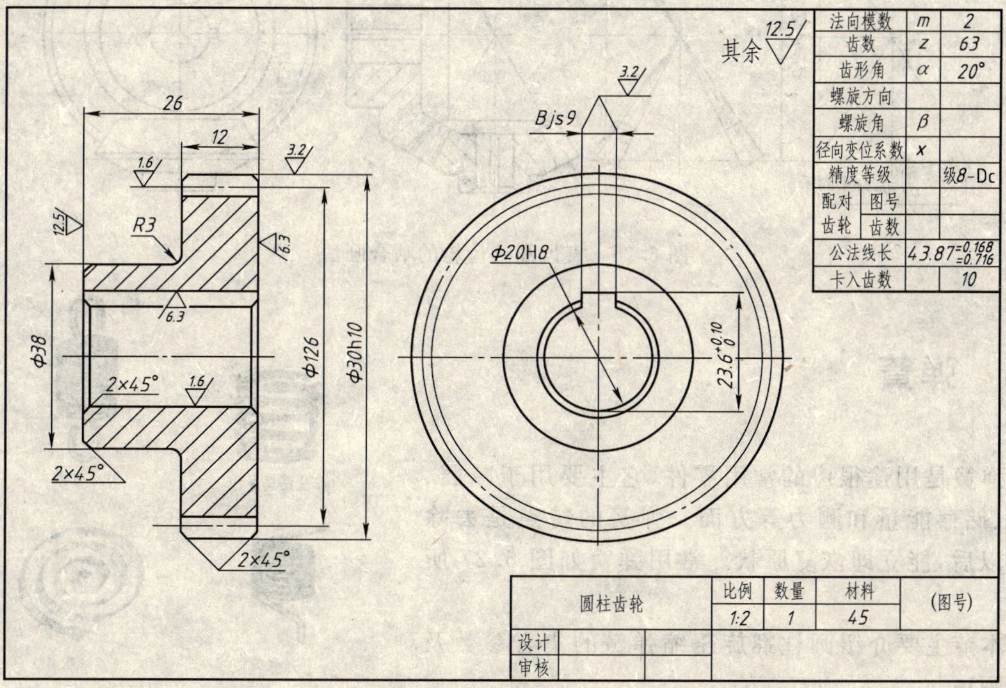

图 6.24　直齿圆柱齿轮的零件图

6.3.2 锥齿轮

1. 单个直齿圆锥齿轮的画法

主视图采用全剖，在投影为圆的视图上规定用粗实线画出大端和小端的齿顶圆，用点画线画出大端分度圆，根圆及小圆分度圆均不画。

单个直齿圆锥齿轮如图 6.25 所示。

2. 直齿圆锥齿轮的啮合画法

直齿圆锥齿轮的齿轮部分和啮合区的画法与直齿圆柱齿轮的画法相同，如图 6.26 所示。

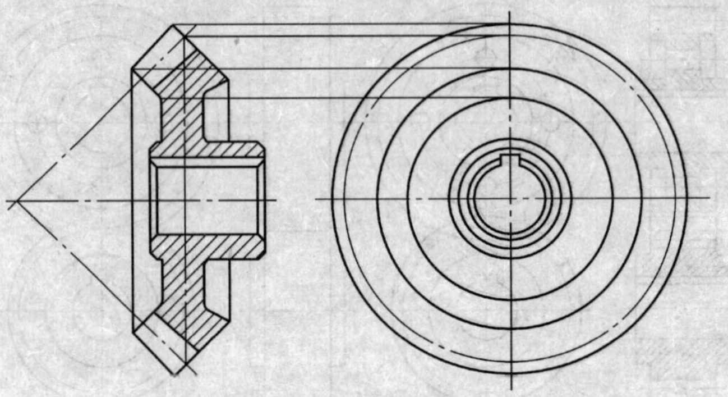

图 6.25　单个直齿圆锥齿轮

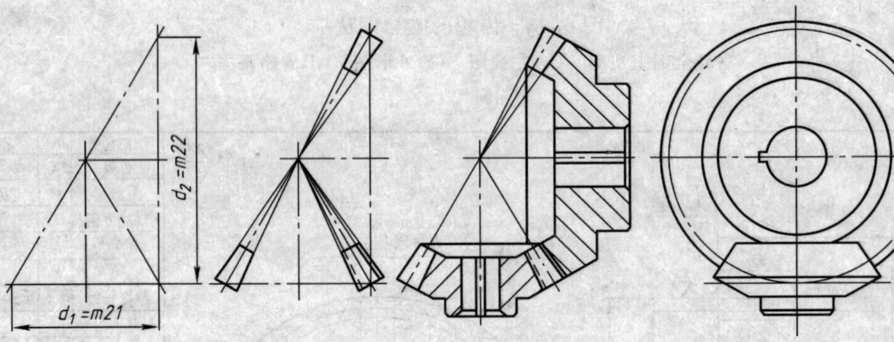

图 6.26　直齿圆锥齿轮的啮合画法

6.4 弹簧

弹簧是用途很广的常用零件，它主要用于减震、夹紧、储存能量和测力等方面。弹簧的特点是去除外力以后，能立即恢复原状。常用弹簧如图 6.27 所示。

本节主要介绍圆柱螺旋压缩弹簧的集合参数及规定画法。

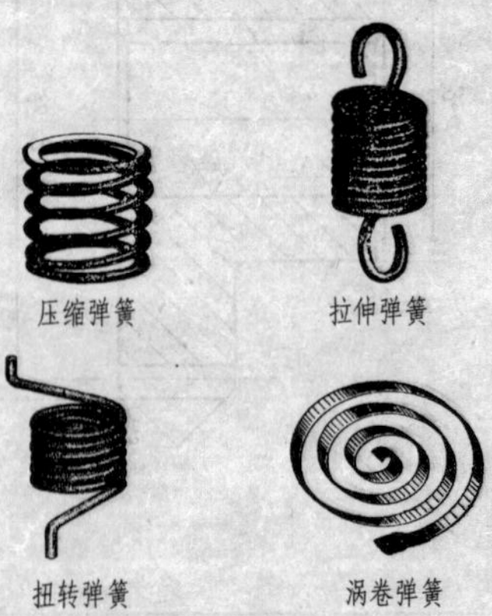

图 6.27　常用弹簧

6.4.1　圆柱螺旋压缩弹簧的几何参数

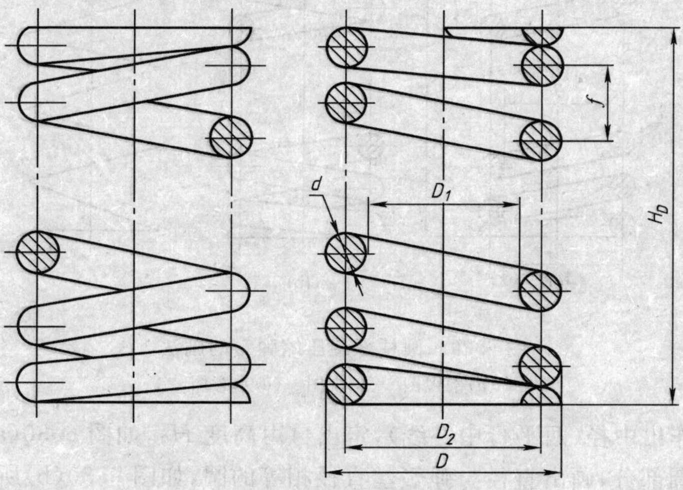

图 6.28　弹簧各部分名称及尺寸关系

圆柱螺旋压维弹簧的几何参数如图 6.28 所示。

(1)簧丝直径 d——弹簧钢丝直径。

(2)弹簧外径 D——弹簧最大直径。

(3)弹簧内径 D_1——弹簧最小直径。

(4)弹簧中径 D_2——弹簧的平均直径。

(5)节距 t——除支承圈外，相邻两有效圈上对应点之间的轴向距离。

(6)支承圈数 n_2——并紧磨平的圈数；

有效圈数 n——保持相等节距的圈数；

总圈数 n_1——有效圈数和支承圈数之和。

(7)自由高度 H_0——弹簧在不受外力作用时的高度(或长度)。

(8)展开长度 L——制造弹簧时坯料的长度。

6.4.2　圆柱螺旋压缩弹簧的画法

圆柱螺旋压缩弹簧的画法如图 6.29 所示。

(1)弹簧在平行于轴线投影面上的视图中，各圈的轮廓不必按螺旋线的真实投影画出，可用直线来代替螺旋线的投影。

(2)螺旋弹簧均可画成右旋，但左旋弹簧不论画成左旋或右旋，一律要加注旋向“左”字。

(3)有效圈数在四圈以上的螺旋弹簧，中间各圈可以省略。

(4)在装配图中，螺旋弹簧被剖切后，不论中间各圈是否省略，被弹簧挡住的结构一般不画，其可见部分应从弹簧的外轮廓或弹簧钢丝剖面的中心线画起。

(5)在装配图中，当弹簧钢丝的直径在图上等于或小于 2 mm 时，其剖面可以涂黑表示或用示意画法。

6.4.3　圆柱螺旋压缩弹簧的画图步骤

圆柱螺旋压缩弹簧的画图有以下几个步骤。

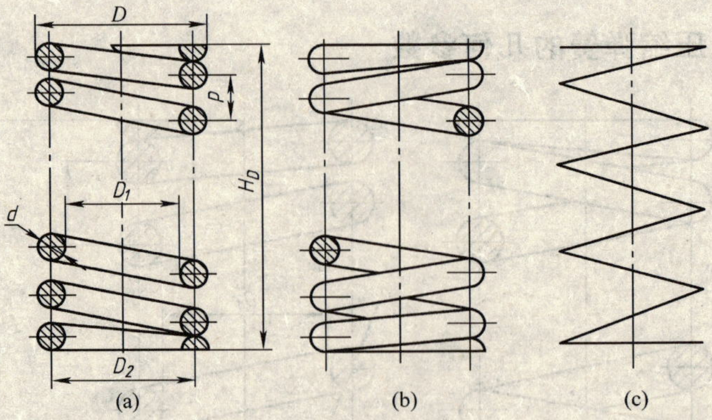

图 6.29 圆柱螺旋压缩弹簧的画法

(a)剖视图 (b)视图 (c)示意图

(1)根据 D_2，作出中径(两平行中心线)，定出自由高度 H_0，如图 6.30(a)所示。

(2)画出支撑圈部分，画出直径与弹簧丝直径相等的圆，如图 6.30(b)所示。

(3)画出有效圈数部分，其直径与弹簧簧丝直径相等，如图 6.30(c)所示。

(4)按右旋方向作相应圆的公切线，再画上剖切符号，完成作图，如图 6.30(d)所示。若不画成剖视图，可按右旋方向作相应圆的公切线，完成弹簧外形图，如图 6.30(e)所示。

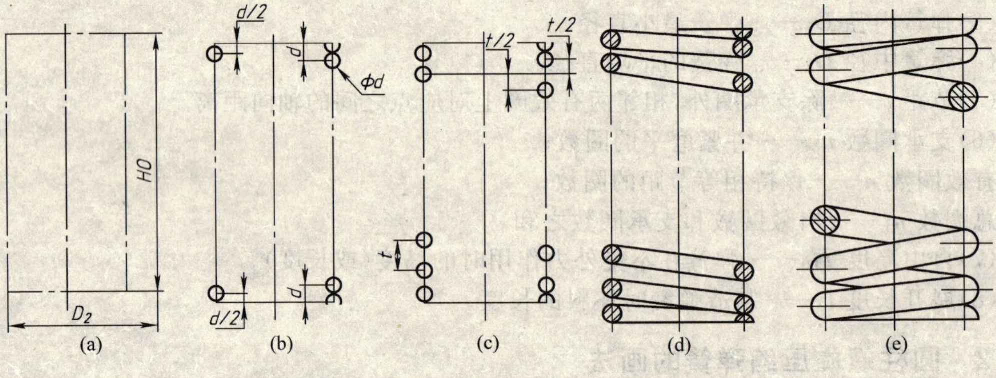

图 6.30 圆柱螺旋压缩弹簧的画图步骤

6.5 滚动轴承

轴承分为滚动轴承和滑动轴承。在机器中，滚动轴承是用来支承轴的标准部件。由于它可以大大减少轴与孔相对转动时的摩擦力，且具有机械效率高、结构紧凑等优点，因此应用极为广泛。下面对滚动轴承的类型、代号和画法予以简单介绍。

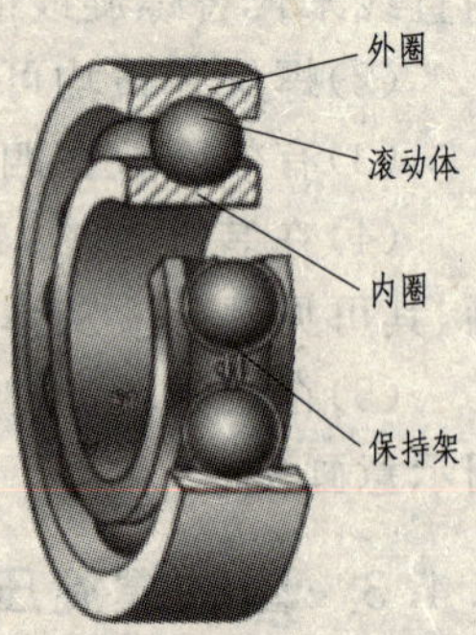

图 6.31 滚动轴承

6.5.1 滚动轴承的结构和分类

滚动轴承由内圈、外圈、滚动体和保持架组成，如图 6.31 所示。

内圈——套在轴上，随轴一起转动。

外圈——装在机座孔中，一般固定不动或偶作少许转动。

滚动体——装在内、外圈之间的滚道中。

保持架——用以均匀隔开滚动体，故又称隔离圈。

滚动轴承按其承受的载荷方向分为向心轴承、推力轴承、向心推力轴承三种。

向心轴承——主要承受径向力。

推力轴承——主要承受轴向力。

向心推力轴承——同时承受轴向力和径向力。

6.5.2 滚动轴承的代号

滚动轴承代号由基本代号、前置代号和后置代号构成，其排列如表6.6。

表6.6 滚动轴承代号排列

<table>
<tr><th>前置代号</th><th colspan="5">基本代号</th><th colspan="8">后置代号</th></tr>
<tr><td rowspan="3">轴承类型代号</td><td>五</td><td>四</td><td>三</td><td>二</td><td>一</td><td rowspan="3">内部结构代号</td><td rowspan="3">密封与防尘结构代号</td><td rowspan="3">保持架及其材料代号</td><td rowspan="3">特殊轴承材料代号</td><td rowspan="3">公差等级代号</td><td rowspan="3">游隙代号</td><td rowspan="3">多轴承配置代号</td><td rowspan="3">其他代号</td></tr>
<tr><td rowspan="2">类型代号</td><td colspan="2">尺寸系列代号</td><td colspan="2" rowspan="2">内径代号</td></tr>
<tr><td>宽度系列代号</td><td>直径系列代号</td></tr>
</table>

1. 基本代号

基本代号指轴承的基本类型、结构和尺寸，是轴承代号的基础。

滚动轴承（除滚针轴承）的基本代号由轴承类型代号、尺寸系列代号和内径代号构成。类型代号用阿拉伯数字或大写拉丁字母表示，其含义见表6.7；尺寸系列代号和内径代号用数字表示，如图6.32所示。

表6.7 滚动轴承的类型代号

代号	轴承类型	代号	轴承类型
0	双列角接触轴承	6	深沟球轴承
1	调心球轴承	7	角接触轴承
2	调心滚子轴承和推力调心滚子轴承	8	推力圆柱滚子轴承
3	圆锥滚子轴承	N	圆柱滚子轴承
4	双列深沟球轴承	U	外球面球轴承
5	推力球轴承	QJ	四点接触球轴承

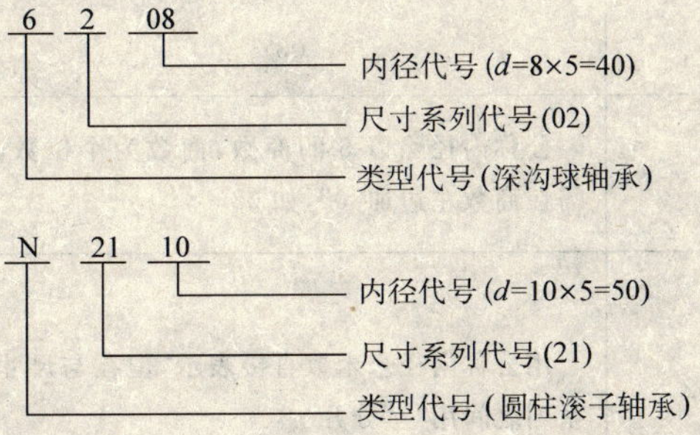

图6.32 尺寸系列代号与内径代号

尺寸系列代号由滚动轴承的宽(高)度系列代号和直径代号组合而成,具体见表6.8。

表6.8 向心轴承、推力轴承尺寸系列代号

直径系列代号	向心轴承								推力轴承			
	宽度系列代号								高度系列代号			
	8	0	1	2	3	4	5	6	7	9	1	2
	尺寸系列代号											
7	—	—	17	—	37	—	—	—	—	—	—	—
8	—	08	18	28	38	48	58	68	—	—	—	—
9	—	09	19	29	39	49	59	69	—	—	—	—
0	—	00	10	20	30	40	50	60	70	90	10	—
1	—	01	11	21	31	41	51	61	71	91	11	—
2	82	02	12	22	32	42	52	62	72	92	12	22
3	83	03	13	23	33	—	—	—	73	93	13	23
4	—	04	—	24	—	—	—	—	74	94	14	24
5	—	—	—	—	—	—	—	—	—	95	—	—

内径代号指轴承的公称内径,见表6.9。

表6.9 滚动轴承内径代号及其示例

轴承公称内径 d (mm)		内径代号	示例
0.6~10(非整数)		用公称内径毫米数直接表示,在其与尺寸系列代号之间用"/"分开	深沟球轴承 618/2.5 d=2.5 mm
1~9(整数)		用公称内径毫米数直接表示,对深沟及角接触球轴承7、8、9直径系列,内径与尺寸系列代号之间用"/"分开	深沟球排承 625、618/5 均为 d=5mm
10~17	10	00	深沟球轴承 6 200 d=10 mm
	12	01	
	15	02	
	17	03	
20~480 (22、28、32除外)		公称内径除以5的商数,商数为个位数,需在商数左边加"0",如08	调心滚子轴承 23 208 d=40 mm
大于和等于500以及22、28、32		用公称内径毫米数直接表示,但在与尺寸系列之间用"/"分开	调心滚子轴承 230/500 d=500 mm 深沟球轴承 62/22 d=22 mm

2. **前置代号和后置代号**

前置代号和后置代号是轴承在结构形状、尺寸、公差、技术要求等有改变时，在其基本代号左、右添加的补充代号。具体内容可查阅有关的国家标准。

6.5.3 滚动轴承的画法

滚动轴承是标准件，在装配图中通常采用简化画法（比例画法）。

主要参数有内径 d、外径 D 和宽度 B。d、D、B 根据轴承代号在画图前查标准确定。

常用滚动轴承的特征画法的尺寸比例示例如图 6.33、6.34、6.35 所示。滚动轴承在装配图中的画法，如图 6.36 所示。

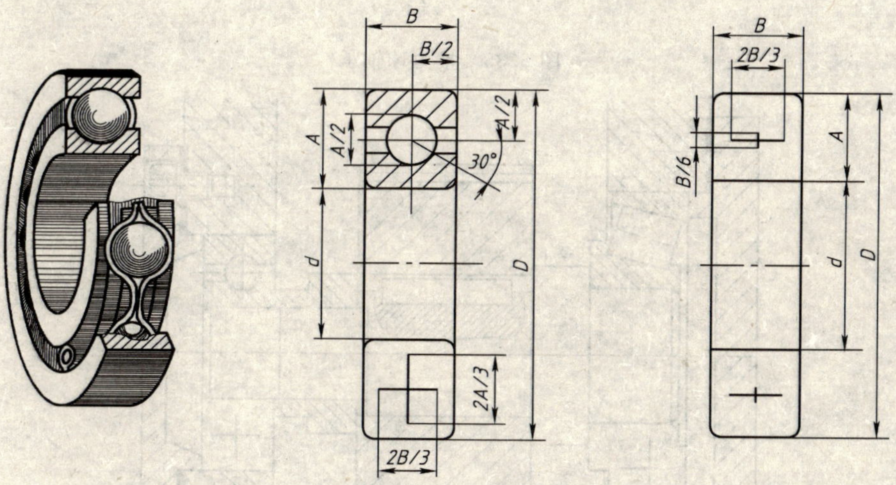

规定画法　　特征画法

图 6.33　深沟球轴承

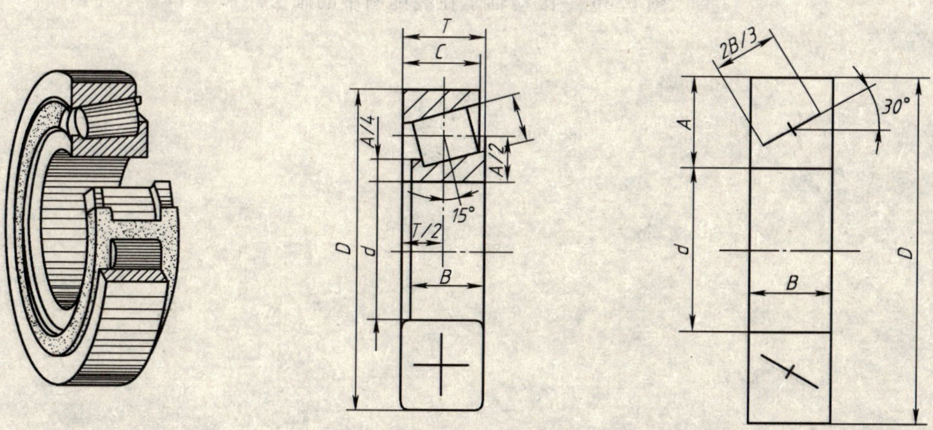

规定画法　　特征画法

图 6.34　圆锥滚子轴承

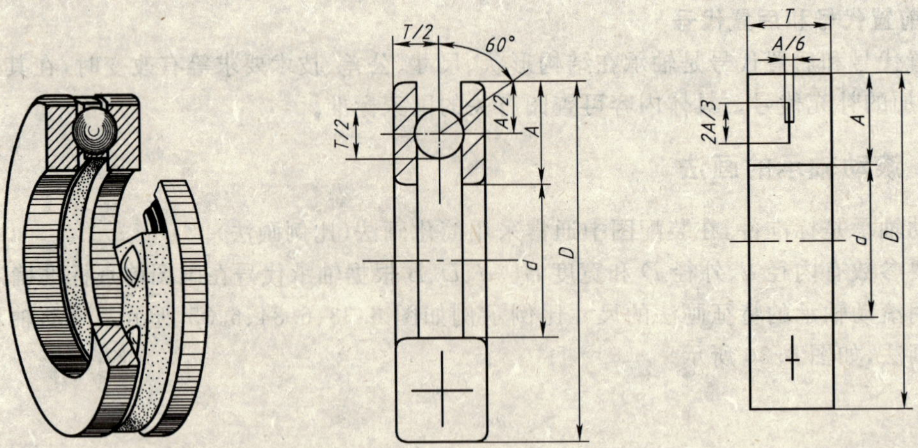

规定画法　　特定画法

图 6.35　推力球轴承

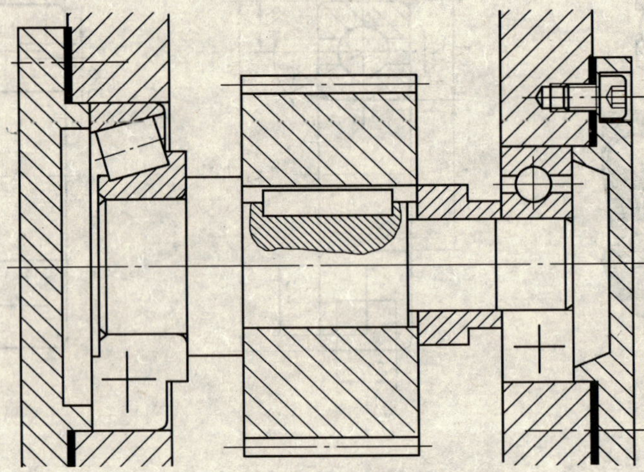

图 6.36　滚动轴承在装配图中的画法

第 7 章　机械图样上的技术要求

机械图样上的技术要求主要包括表面粗糙度、公差与配合、形状与位置公差、热处理以及其他有关制造的要求等，如图 7.1 所示。上述要求应按照国家标准规定的代(符)号或用文字正确地注写出来。

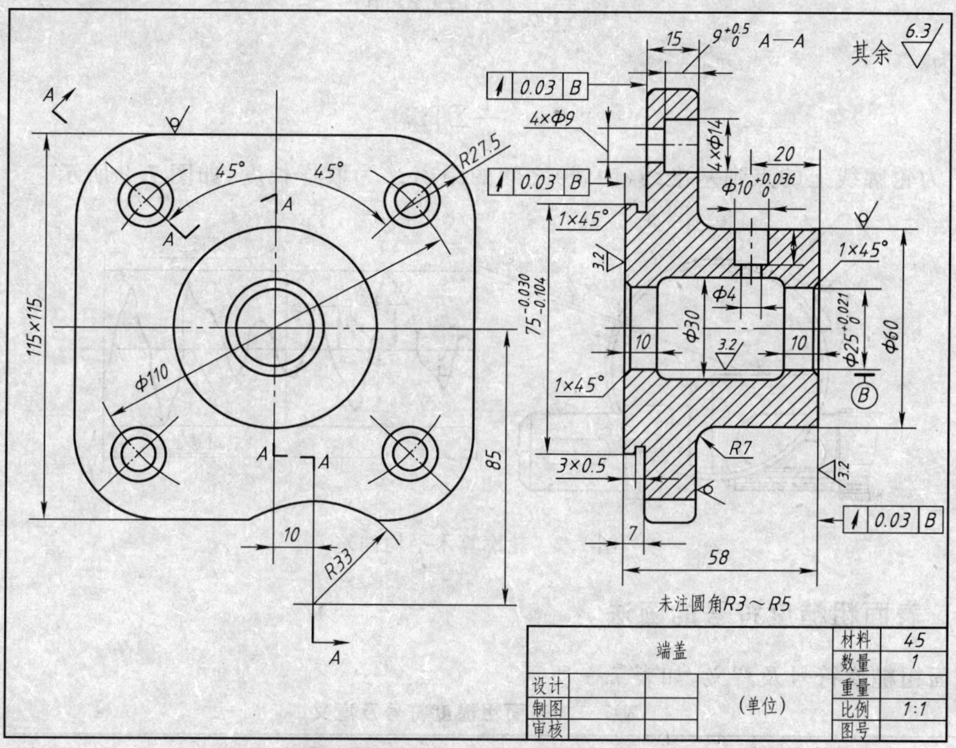

图 7.1　零件图上的技术要求

7.1　表面粗糙度

7.1.1　表面粗糙度的概念

零件表面经过加工后，看起来很光滑，经放大观察却凹凸不平，如图 7.2 所示。表面粗糙度，是指加工后的零件表面上具有的较小间距和微小峰谷所组成的微观几何形状特征，一般是由所采取的加工方法和(或)其他因素形成的。零件表面的功用不同，所需的表面粗糙度参数值也不一样。零件图上要标注表面粗糙度代(符)号，用以说明该表面完工后须达到的表面特性。表面粗糙度高度参数有以下三种。

1. 轮廓算术平均偏差 R_a

轮廓算术平均偏差 R_a 是指在取样长度内，沿测量方向(Y 方向)的轮廓线上的点与基准线之间距离绝对值的算术平均值。

2. **微观不平度十点高度 R_z**

微观不平度十点高度 R_z 指在取样长度内五个最大轮廓峰高的平均值和五个最大轮廓谷深的平均值之和。

3. **轮廓最大高度 R_y**

轮廓最大高度 R_y 在取样长度内，轮廓最高峰顶线和最低谷底线之间的距离。

目前，一般机械制造工业中主要选用 R_a。R_a 值按下列公式计算

$$R_a=\frac{1}{l}\int t_0\,|Y(x)|\,\mathrm{d}x$$

或近似为

$$R_a=\frac{1}{n}\sum|Y_i|$$

式中，Y 为轮廓线上的点到基准线（中线）之间的距离；l 为取样长度，如图 7.2 所示。

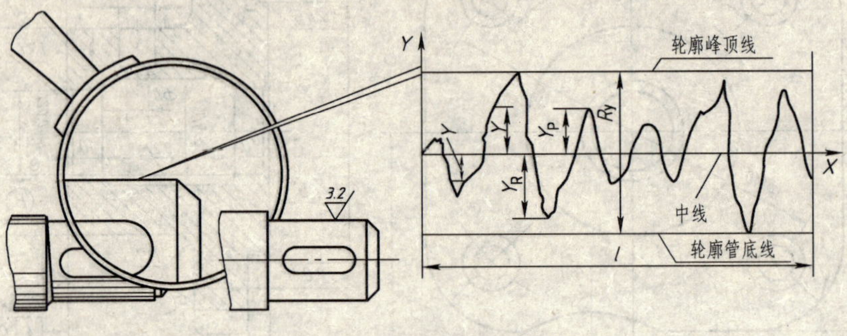

图 7.2　轮廓算术平均偏差

7.1.2　表面粗糙度符号的画法

表面粗糙度符号及意义，如表 7.1 所示。

表 7.1　表面粗糙度符号及意义

符　号	意义及说明
	基本符号，表示表面可用任何方法获得。当不加注粗糙度参数值或有关说明（例如表面处理、局部热处理状况等）时，仅适用于简化代号标注
	基本符号加一短划，表示表面是用去除材料的方法获得，例如车、铣、钻、磨、剪切、抛光、腐蚀、电火花加工、气割等
	基本符号加一小圆，表示表面是用不去除材料的方法获得，例如铸、锻、冲压变形、热轧、冷轧、粉末冶金等，或者是用于保持原供应状况的表面（包括保持上道工序的状况）
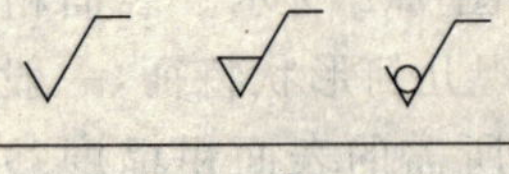	在上述三个符号的长边上均可加一横线，用于标注有关参数和说明
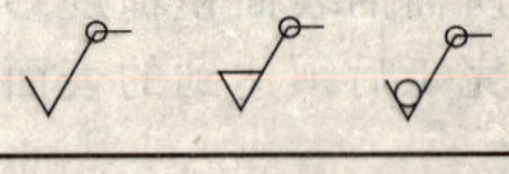	在上述三个符号上均可加一小圆，表示所有表面具有相同的表面粗糙度要求

1. **表面粗糙度符号的画法**

表面粗糙度符号的画法如图 7.3 所示，符号的尺寸见表 7.2。

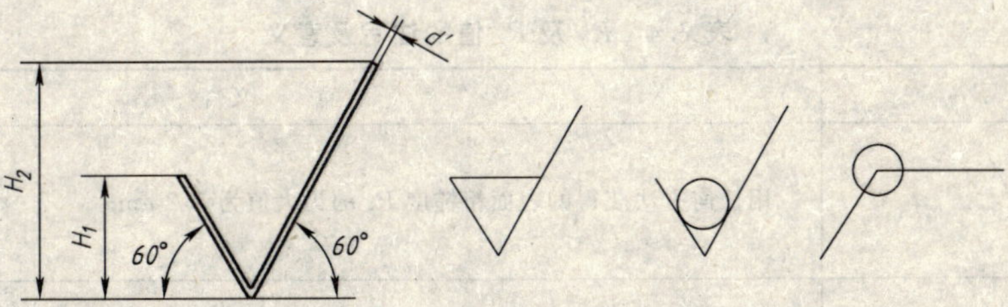

图 7.3 表面粗糙度符号的画法

表 7.2 表面粗糙度符号的尺寸 (mm)

轮廓线的线宽 b	0.35	0.5	0.7	1	1.4	2
数字与大写字母(或/和小写字母)的高度 h	2.5	3.5	5	7	10	14
符号的线宽 d' 数字与字母的笔画宽度 d	0.25	0.35	0.5	0.7	1	1.4
高度 H_1	3.5	5	7	10	14	20
高度 H_2	8	11	15	21	30	42

2. 表面粗糙度数值及其有关规定在符号中注写的位置

表面粗糙度数值及其有关规定在符号中注写的位置如图 7.4 所示。其中：

a_1、a_2——粗糙度高度参数代号及其数值(单位为 μm)；

b——加工要求、镀覆、涂覆、表面处理或其他说明等；

c——取样长度(单位为 mm)或波纹度(单位为 μm)；

d——加工纹理方向符号；

e——加工余量(单位为 mm)；

f——粗糙度间距参数值(单位为 mm)或轮廓支承长度率。

7.1.3 表面粗糙度高度参数值的注写

表面粗糙度高度参数轮廓算术平均偏差 R_a 值的标注及意义见表 7.3。R_a 值在代号中用数值表示，单位为 μm，参数前可省略参数代号 R_a。表面粗糙度高度参数微观不平度十点高度 R_z、轮廓最大高度 R_y 值(单位为 μm)的标注见表 7.4，参数值前需注出相应的参数代号。

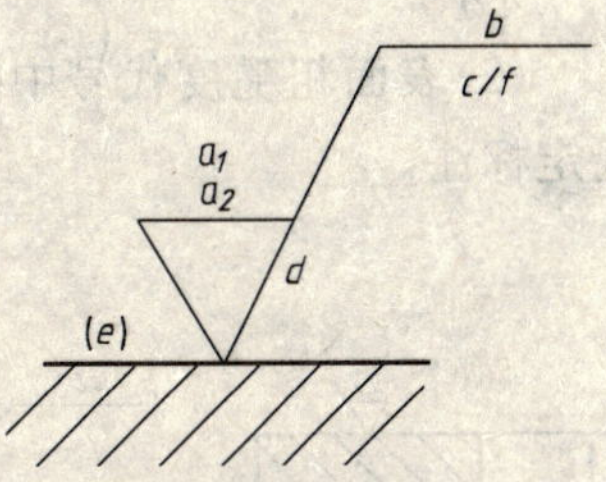

图 7.4 表面粗糙度各项规定符号的位置

表 7.3 R_a 的注写及意义

代 号	意 义
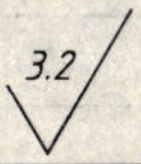	用任何方法获得的表面粗糙度 R_a 的上限值为 3.2 μm
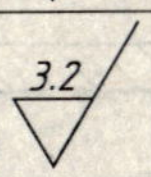	用去除材料方法获得的表面粗糙度 R_a 的上限值为 3.2 μm
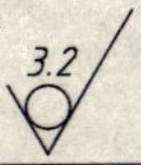	用不去除材料方法获得的表面粗糙度 R_a 的上限值为 3.2 μm
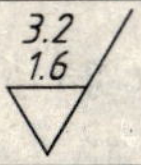	用去除材料方法获得的表面粗糙度 R_a 的上限值为 3.2 μm，下限值为 1.6 μm

表 7.4　R_y 及 R_z 值的注写及意义

代　　号	意　　义
$R_y3.2$	用任何方法获得的表面粗糙度 R_y 的最大值为 3.2 μm
R_z200	用不去除材料方法获得的表面粗糙度 R_z 的最大值为 200 μm
$R_z3.2$ $R_z1.6$	用去除材料方法获得的表面粗糙度 R_z 的最大值为 3.2 μm，最小值为 1.6 μm
3.2 $R_y12.5$	用去除材料方法获得的表面粗糙度 R_z 的最大值为 3.2 μm，R_y 的最大值为 12.5 μm。

7.1.4　图样上的标注方法

图样上的标注方法有如下要求。

(1)表面粗糙度代(符)号一般注在可见轮廓线、尺寸界线、引出线或其延长线上，符号的尖端须从材料外指向表面，如图 7.5 所示。对镀涂表面，可注在其表示线(粗点画线)上，如图 7.6 所示。

(2)表面粗糙度代号中数字及符号的方向按图 7.7 的规定标注；带有横线的符号按图 7.8 规定标注。

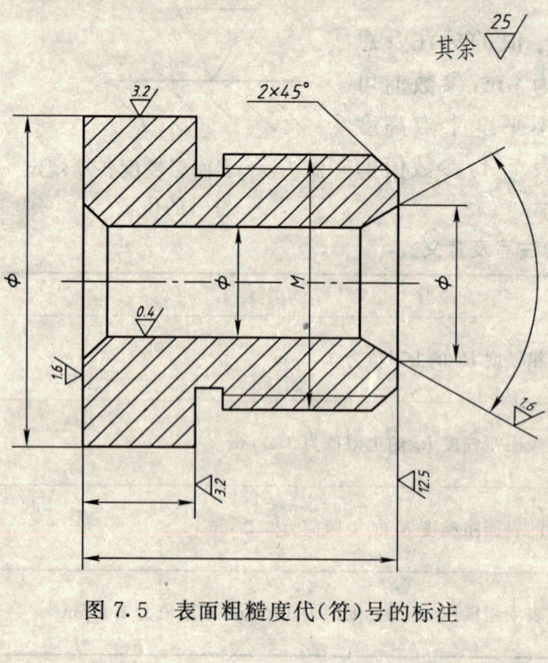

图 7.5　表面粗糙度代(符)号的标注

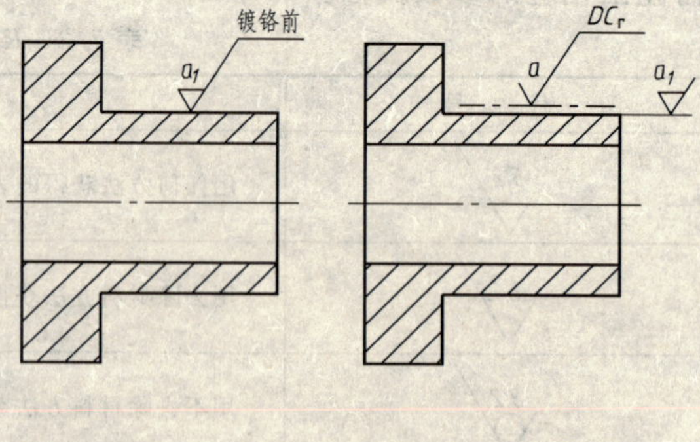

图 7.6　镀涂表面粗糙度代(符)号的标注

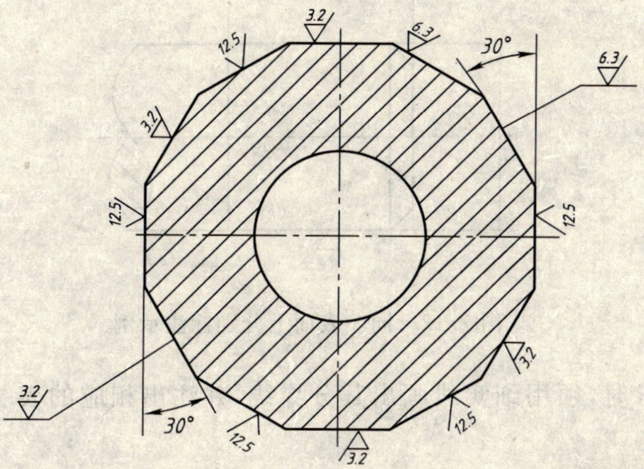

图 7.7　代号中数字及符号的方向

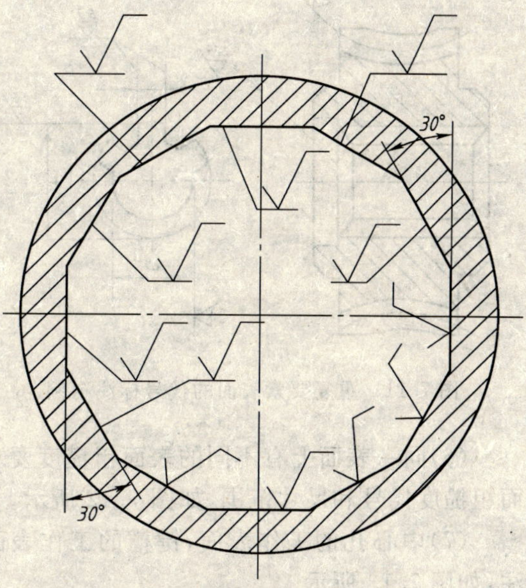

图 7.8　带有横线的符号标注方法

(3)在同一图样上，每一表面一般只标注一次代(符)号。标注时尽可能靠近有关的尺寸线，如图 7.5 所示。当地位狭小或不便标注时，代(符)号可引出标注，如图 7.9、图 7.10 所示。

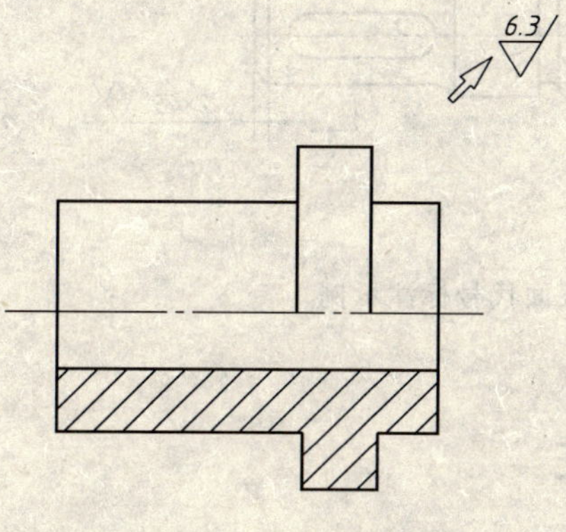

图 7.9　代(符)号统一标注示例

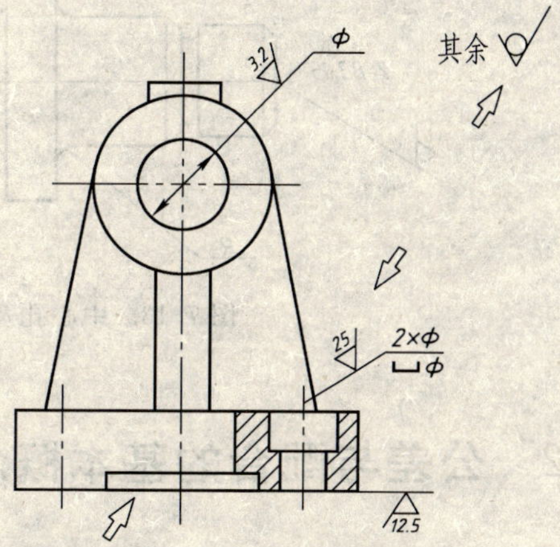

图 7.10　代号引出的标注示例

(4)零件所有表面具有相同的表面粗糙度要求，其代(符)号可在图样的右上角统一标注，如图 7.9 所示。当零件的大部分表面具有相同的表面粗糙度要求时，对其中使用最多的一种代(符)号可以统一注在图样的右上角，并加注“其余”两字，如图 7.10 所示。上述统一标注的代号和文字说明均应是图样上其他表面所注写代号和文字的 1.4 倍。

(5)零件上连续表面及重复要素(孔、槽、齿……等)的表面(见图 7.11)和用细实线连接不连续的同一表面(见图 7.9)，表面粗糙度代(符)号只标注一次。

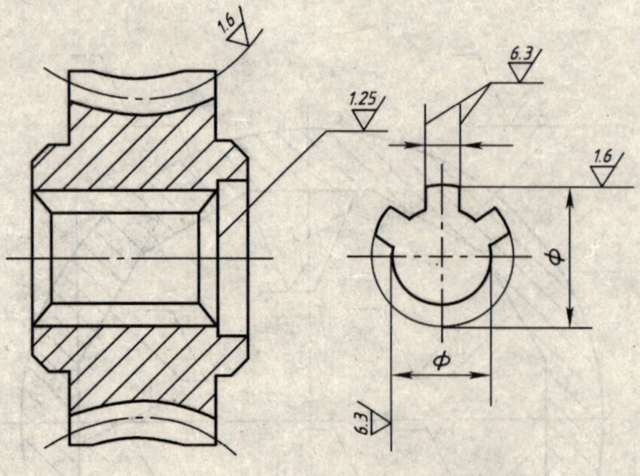

图 7.11　重复要素表面的代号标注示例

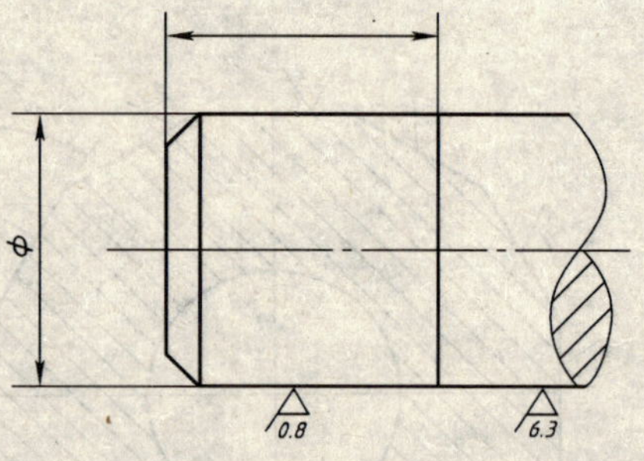

图 7.12　同一表面上分别标注示例

(6)同一表面上有不同的表面粗糙度要求时，须用细实线画出其分界线，并注出相应的表面粗糙度代号和尺寸范围，如图 7.12 所示。

(7)中心孔的工作表面，键槽的工作表面，零件上倒角、圆角的表面粗糙度代号用简化标注，如图 7.13 所示。

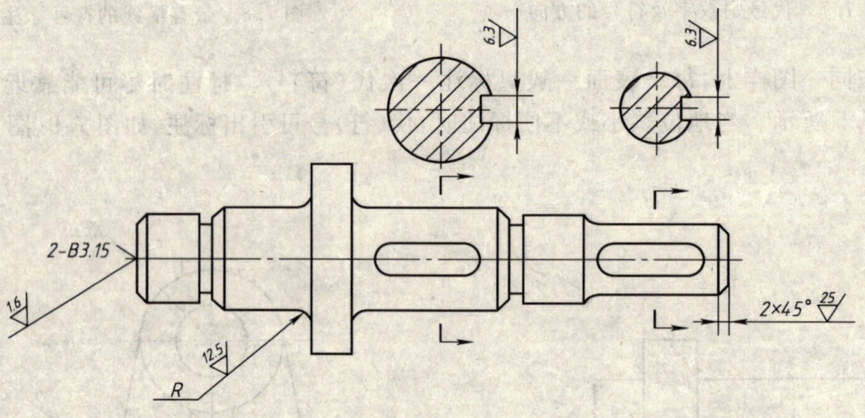

图 7.13　中心孔及键槽的工作表面代号标注示例

7.2　公差与配合的基本概念及标注

7.2.1　互换性

互换性从日常生活中就可找到例证。例如，规格相同的任何一个灯头和灯泡，不论产自哪个厂家，都能装在一起。不用选配，零件有这种规格尺寸和功能上的一致性和替代性，就被认为这些零件具有互换性。

在现代化的大量或成批生产中，要求互相装配的零件或部件都要符合互换性原则。例如，从一批规格为ϕ10 的油杯(如图 7.14 所示)中任取一个装入尾架端盖的油杯孔中，都能使油杯顺利装入，并能使它们紧密结合，就两者的顺利结合而言，油杯和端盖都具有互换性。

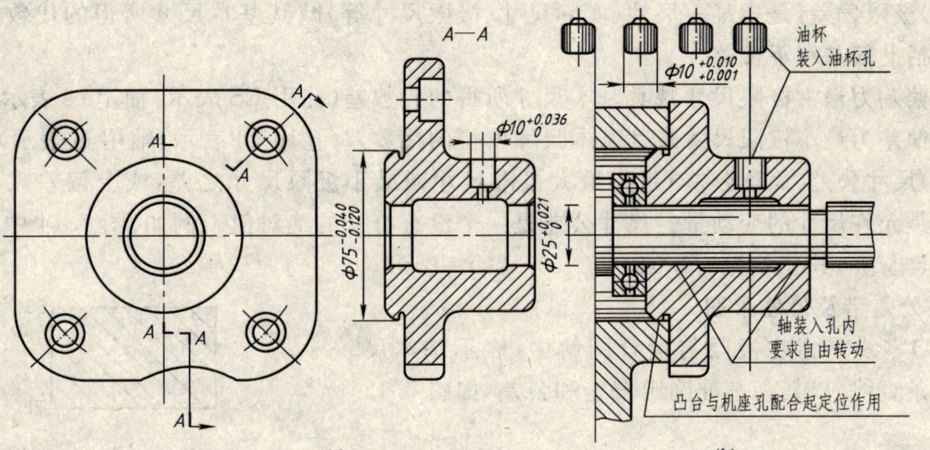

(a) (b)

图 7.14 互换性基本概念图例

在机器制造业中，遵循互换性的原则，无论在设计、制造和维修等方面，都具有十分重要的技术和经济意义。在生产中由于机床精度、刀具磨损、测量误差、技术水平等因素的影响，即使同一个工人加工同一批零件，也难以要求都准确地制成相同的大小，尺寸之间总是存在着误差，为了保证互换性，就必须控制这种误差。也就是，在零件图上对某些重要尺寸给予一个允许的变动范围，就能保证加工后的零件具有互换性。这种允许尺寸的变动范围称为尺寸公差。

7.2.2 公差基本概念(GB/T 1800.1—1997)

1. 尺寸公差的有关术语和定义

(1)基本尺寸，通过它应用上、下偏差可算出极限尺寸的尺寸，如图 7.14 中的$\phi75$、$\phi25$ 等。

(2)实际尺寸，通过测量获得的某一孔、轴的尺寸。

(3)极限尺寸，一个孔或轴允许的尺寸的两个极端，如图 7.15 所示。实际尺寸位于其中，也可达到极限尺寸。孔或轴允许的最大尺寸，称为最大极限尺寸；孔或轴允许的最小尺寸，称为最小极限尺寸。在图 7.14 中，凸台尺寸$\phi75^{-0.040}_{-0.120}$，该尺寸的最大极限尺寸是$\phi74.96$，最小极限尺寸是$\phi74.88$。

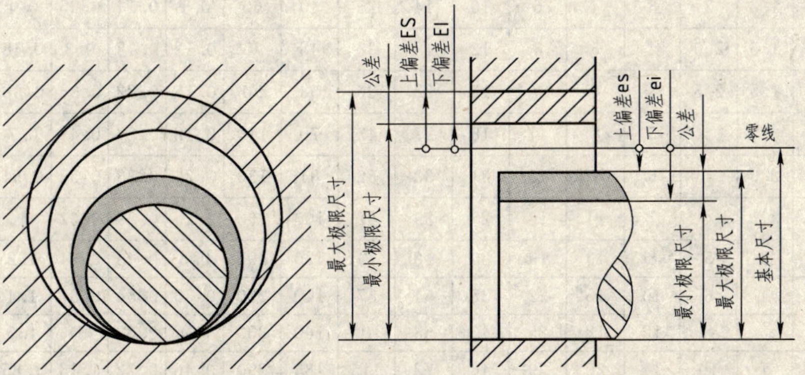

图 7.15 轴与孔配合示意图

(4)极限偏差，是指某一尺寸(实际尺寸、极限尺寸等)减其基本尺寸所得的代数差。极限偏差包括上偏差和下偏差。

上偏差为最大极限尺寸减其基本尺寸所得的代数差(孔用 ES 表示，轴用 es 表示)。

下偏差为最小极限尺寸减其基本尺寸所得的代数差(孔用 EI 表示，轴用 ei 表示)。

(5)尺寸公差(简称公差)是指最大极限尺寸减最小极限尺寸之差，或上偏差减下偏差之差。它是允许尺寸的变动量。尺寸公差是一个没有符号的绝对值。例如，图 7.14 中凸台的尺寸为$\phi75_{-0.120}^{-0.040}$，其公差为$-0.040-(-0.120)=0.08$。

2. **公差带及公差带图**

(1)零线是指在极限与配合图解中，表示基本尺寸的一条直线，以其为基准确定偏差和公差，如图 7.15 所示。

(2)公差带是指在公差带图解中，由代表上偏差和下偏差或最大极限尺寸和最小极限尺寸的两条直线所限定的一个区域，如图 7.16 所示。它是由公差大小和其相对零线的位置如基本偏差来确定。

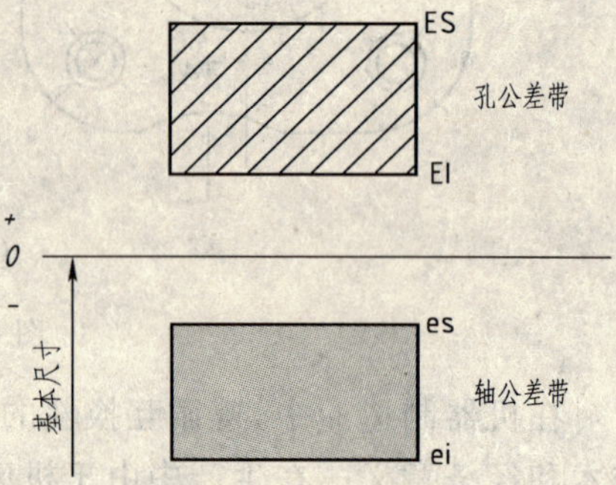

图 7.16　公差带图

3. **标准公差(IT)**

标准公差是指在国家标准极限与配合制中，所规定的任一公差。

标准公差等级代号用符号 IT 和数字组成，例如：IT7。当其与代表基本偏差的字母一起组成公差带时，省略 IT 字母，如 h7。极限与配合在基本尺寸至 500 mm 内规定了 IT01、IT0、IT1 至 IT18 共 20 级，在基本尺寸 500～3 150 mm 内规定了 IT1 至 IT18 共 18 个标准公差等级。标准公差数值(GB/T 1800.3—1998)部分摘录见表 7.5。

同一公差等级(例如 IT7)对所有基本尺寸的一组公差被认为具有同等精确程度。

表 7.5　标准公差带图

基本尺寸		公差等级																	
		IT1	IT2	IT3	IT4	IT5	IT6	IT7	IT8	IT9	IT10	IT11	IT12	IT13	IT14	IT15	IT16	IT17	IT18
大于	至	μm											mm						
—	3	0.8	1.2	2	3	4	6	10	14	25	40	60	0.1	0.14	0.25	0.4	0.6	1	1.4
3	6	1	1.5	2.5	4	5	8	12	18	30	48	75	0.12	0.18	0.3	0.48	0.75	1.2	1.8
6	10	1	1.5	2.5	4	6	9	15	22	36	58	90	0.15	0.22	0.36	0.58	0.9	1.5	2.2
10	18	1.2	2	3	5	8	11	18	27	43	70	110	0.18	0.27	0.43	0.7	1.1	1.8	2.7
18	30	1.5	2.5	4	6	9	13	21	33	52	84	130	0.21	0.33	0.52	0.84	1.3	2.1	3.3
30	50	1.5	2.5	4	7	11	16	25	39	62	100	160	0.25	0.39	0.62	1	1.6	2.5	3.9
50	80	2	3	5	8	13	19	30	46	74	120	190	0.3	0.46	0.74	1.2	1.9	3	4.6
80	120	2.5	4	6	10	15	22	35	54	87	140	220	0.35	0.54	0.87	1.4	2.2	3.5	5.4
120	180	3.5	5	8	12	18	25	40	63	100	160	250	0.4	0.63	1	1.6	2.5	4	6.3
180	250	4.5	7	10	14	20	29	46	72	115	185	290	0.46	0.72	1.15	1.85	2.9	4.6	7.2
250	315	6	8	12	16	23	32	52	81	130	210	320	0.52	0.81	1.3	2.1	3.2	5.2	8.1
315	400	7	9	13	18	25	36	57	89	140	230	360	0.57	0.86	1.4	2.3	3.6	5.7	8.9

续表

基本尺寸		公差等级																	
		IT1	IT2	IT3	IT4	IT5	IT6	IT7	IT8	IT9	IT10	IT11	IT12	IT13	IT14	IT15	IT16	IT17	IT18
大于	至	μm											mm						
400	500	8	10	15	20	27	40	63	97	155	250	400	0.63	0.97	1.55	2.5	4	6.3	9.7
500	630	9	11	16	22	30	44	70	110	175	280	440	0.7	1.1	1.75	2.8	4.4	7	11
630	800	10	13	18	25	35	50	80	125	200	320	500	0.8	1.25	2	3.2	5	8	12.5
800	1 000	11	15	21	29	40	56	90	140	230	360	560	0.9	1.4	2.3	3.6	5.6	9	14

4. 基本偏差

基本偏差是指在国家标准极限与配合制中，确定公差带相对零线位置的那个极限偏差。它可以是上偏差或下偏差，一般为靠近零线的那个偏差，如图 7.16 中孔的基本偏差为下偏差。图 7.17 为基本偏差系列示意图。基本偏差代号：对孔用大写字母 A，……，ZC 表示；对轴用小写字母 a，……，zc 表示，各 28 个。其中，基本偏差 H 代表基准孔；h 代表基准轴。

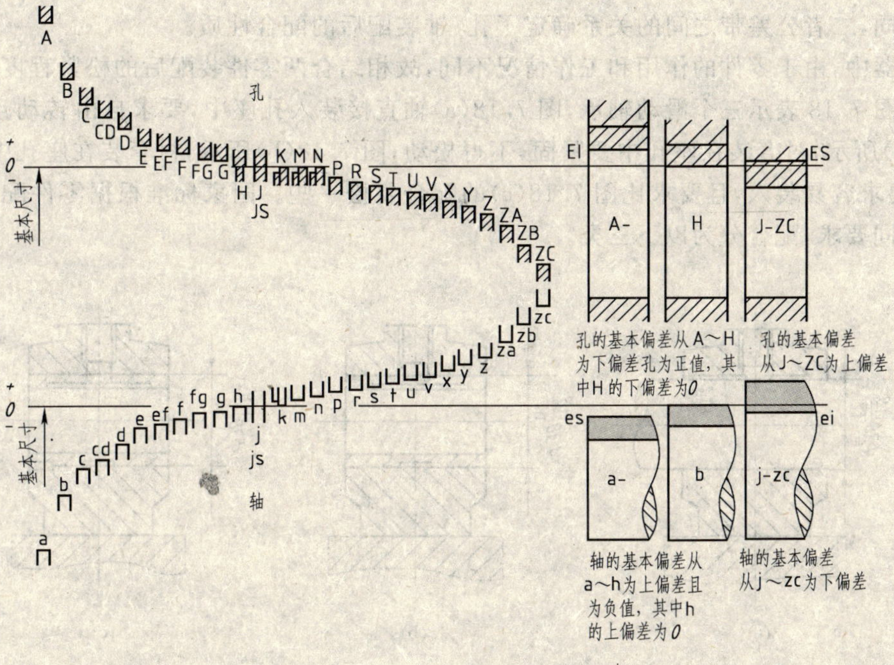

图 7.17　基本偏差系列

5. 尺寸公差表查法介绍

根据孔和轴的基本尺寸、基本偏差代号及公差等级，可以从表中查得标准公差及基本偏差数值，从而计算出上、下偏差数值及极限尺寸。计算公式为：ES＝EI＋IT 或 EI＝ES－IT；ei＝es－IT 或 es＝ei＋IT。

【例 7.1】　已知某轴ϕ50f7，查表计算其上、下偏差及极限尺寸。

从表 7.5 查得：标准公差 IT7 为 0.025，从附表查得上偏差 es 为－0.025，则下偏差 ei＝es－IT＝－0.050。

依据查得的上、下偏差可计算其极限尺寸如下：

最大极限尺寸＝50－0.025＝49.975

最小极限尺寸＝50－0.050＝49.950

【例 7.2】 已知某孔ϕ30K7，查表计算其上、下偏差及极限尺寸。

从表 7.5 查得：标准公差 IT7 为 0.021，从附表查得上偏差 ES＝(－2＋△)μm，其中△＝8 μm，所以 ES＝0.006，则 EI＝ES－IT＝－0.015。

计算其极限尺寸为：

最大极限尺寸＝30＋0.006＝30.006

最小极限尺寸＝30－0.015＝29.985

如果是基准孔的情况，如ϕ50H7，因为其下偏差 EI 为 0，根据公式 ES＝EI＋IT，从表 7.5 中查得 IT＝25 μm，即得 ES＝0.025。若是基准轴如ϕ50h6，因为其上偏差 es 为 0，由公式 ei＝es－IT，从表 7.5 中查得 IT＝16 μm，即得 ei＝－0.016。

7.2.3 配合

基本尺寸相同，相互结合的孔与轴公差之间的关系，称为配合。所以配合的前提必须是基本尺寸相同，二者公差带之间的关系确定了孔、轴装配后的配合性质。

在机器中，由于零件的作用和工作情况不同，故相结合两零件装配后的松紧程度要求也不一样。如图 7.18 表示三个滑动轴承，图 7.18(a)轴直接装入孔座中，要求自由转动且不打晃；图 7.18(c)所示，衬套装在座孔中要紧固，不得松动；图 7.18(b)所示，衬套装在座孔中，虽也要紧固，但要求容易装入，且要求比图 7.18(c)的配合要松一些。国家标准根据零件配合的松紧程度的不同要求，配合分为以下三类。

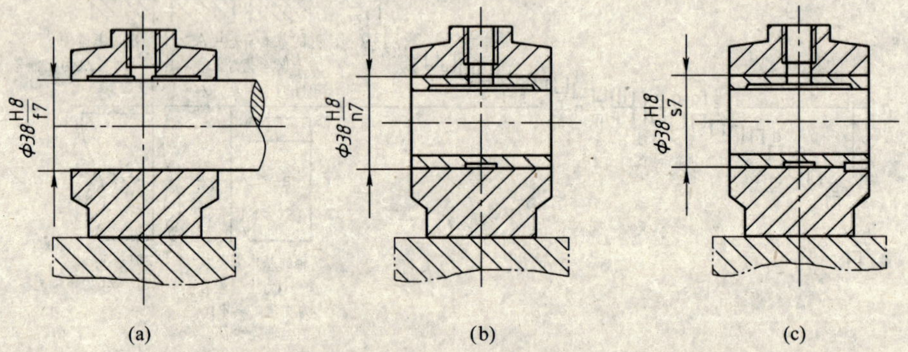

图 7.18 配合种类

(a)轴承座孔与轴装配要求间隙配合 (b)轴承座孔与衬套装配要求过渡配合

(c)轴承座孔与衬套装配要求过盈配合

1. 间隙配合

间隙是指孔的尺寸减去相配合的轴的尺寸之差为正。

间隙配合是指具有间隙(包括最小间隙等于零)的配合。此时，孔的公差带在轴的公差带之上，如图 7.19 所示。

2. 过盈配合

过盈是指孔的尺寸减去相配合的轴的尺寸之差为负。

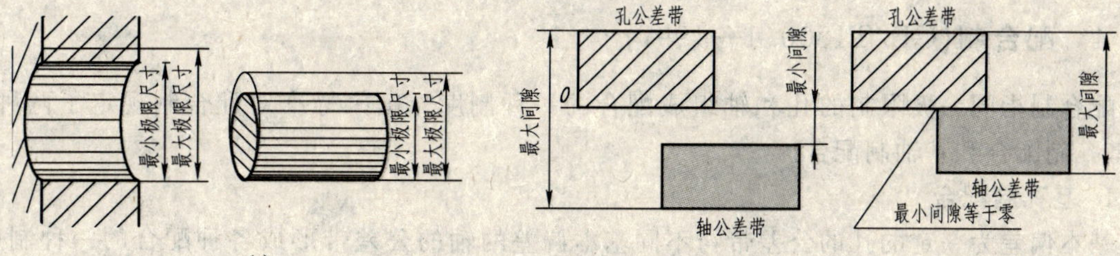

(a)　　　　(b)

图 7.19　轴承座孔与轴间隙配合

过盈配合是指具有过盈(包括最小过盈等于零)的配合。此时孔的公差带在轴的公差带之下,如图 7.20 所示。

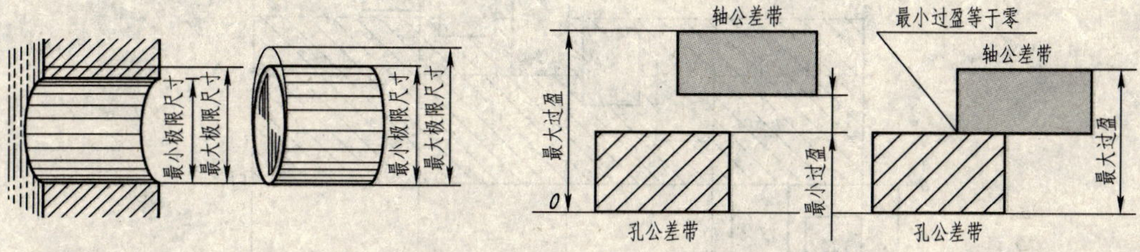

(a)　　　　(b)

图 7.20　轴承座孔与衬套过盈配合

3. **过渡配合**

可能具有间隙或过盈的配合。此时,孔的公差带与轴的公差带相互交叠,如图 7.21 所示。

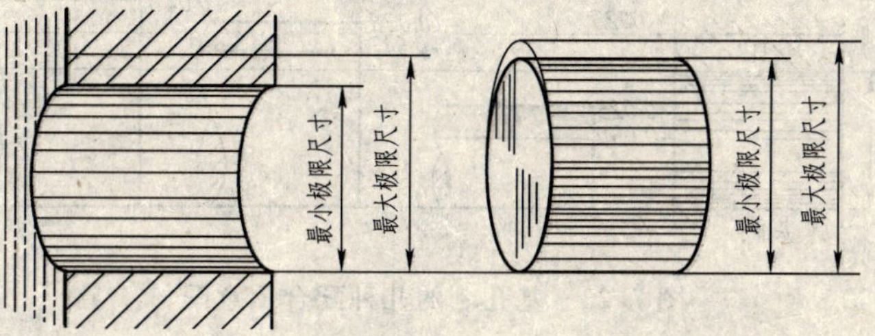

(a)

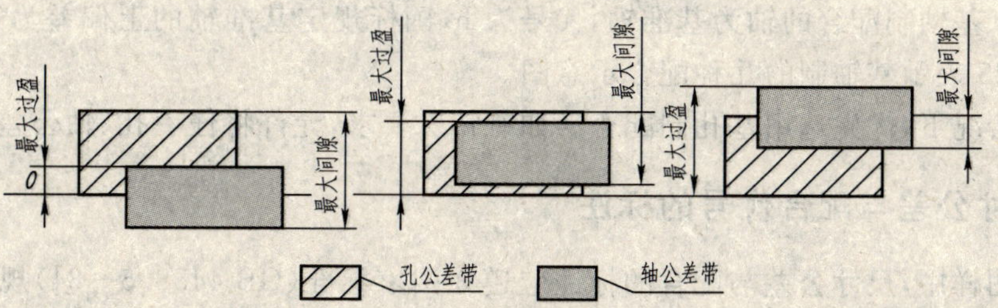

(b)

图 7.21　轴承座孔与衬套过渡配合

7.2.4 配合制(GB/T1800.1—1997)

配合制指同一极限制的孔和轴组成配合的一种制度。国家标准对配合制规定了两种形式:基孔制配合和基轴制配合。

1. 基孔制配合

基本偏差为一定的孔的公差带与不同基本偏差的轴的公差带形成各种配合的一种制度,称为基孔制。基孔制配合的孔为基准孔,代号为 H,国际规定基准孔的下偏差为零,如图 7.22 所示。图 7.23 表示基孔制的几种配合示意图。

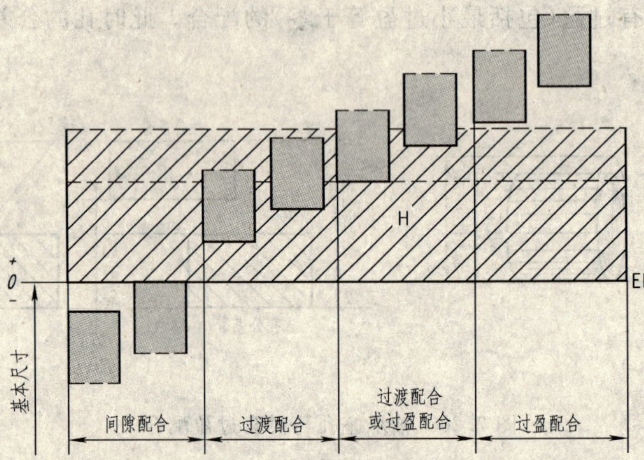

图 7.22 基孔制

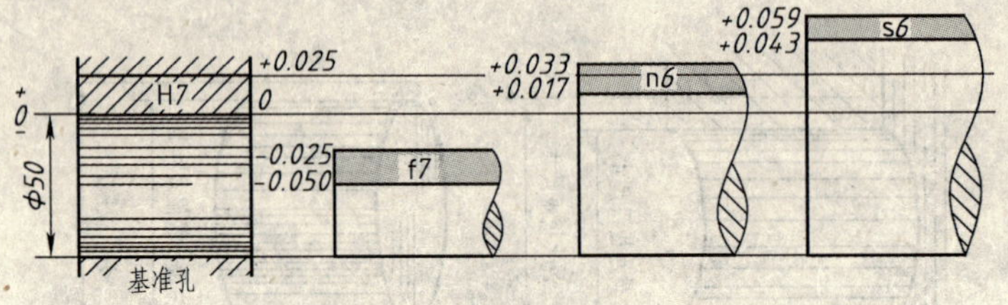

图 7.23 基孔制的几种配合示意图

2. 基轴制配合

基本偏差为一定的轴的公差带与不同基本偏差的孔的公差带形成各种配合的一种制度,称为基轴制。基轴制配合的轴为基准轴,代号为 h,国标规定基准轴的上偏差为零,如图 7.24 所示。图 7.25 表示基轴制的几种配合示意图。

在一般情况下,优先选用基孔制配合。如有特殊要求,允许将任一孔、轴公差带组成配合。

7.2.5 尺寸公差与配合代号的标注

在机械图样中,尺寸公差与配合的标注应遵守国家标准(GB 4458.5—84)规定,现摘要叙述。

1. 在零件图中的标注

在零件图中标注孔、轴的尺寸公差有下列三种形式。

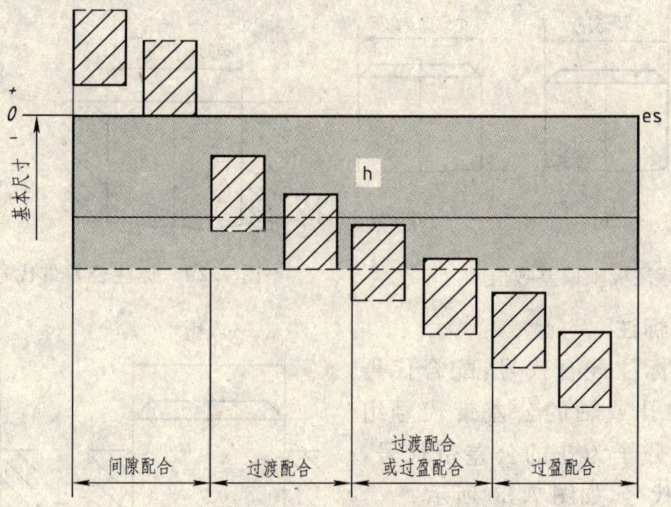

图 7.24 基轴制

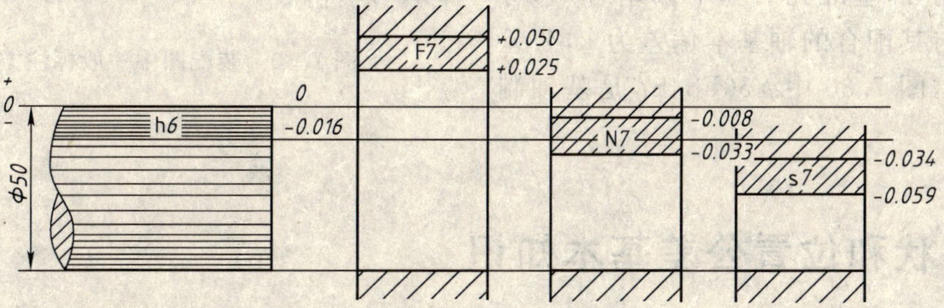

图 7.25 基轴制的几种配合示意图

(1)在孔或轴的基本尺寸的右边注出公差带代号,如图 7.26 所示。孔、轴公差带代号由基本偏差代号与公差等级代号组成,如图 7.27 所示。

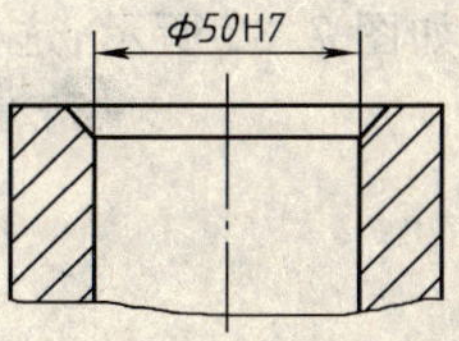

图 7.26 标注公差带代号

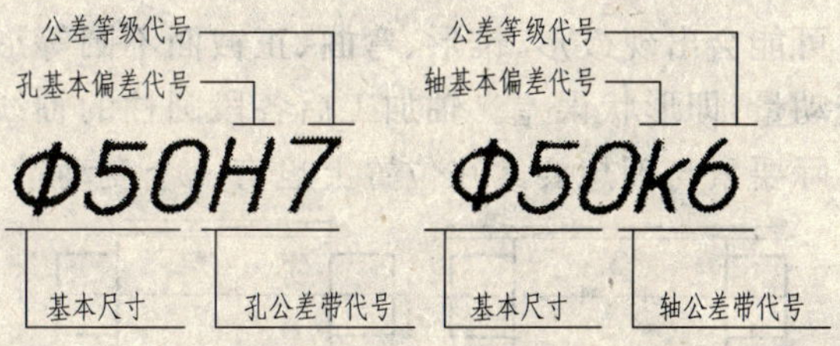

图 7.27 公差带代号的型式

(2)在孔或轴的基本尺寸的右边注出该公差带的极限偏差数值,如图 7.28(b)所示,上、下偏差的小数点必须对齐,小数点后的位数必须相同。当上偏差或下偏差为零时,要注出数字"0",并与另一个偏差值小数点前的一位数对齐,如图 7.28(a)所示。

若上、下偏差值相等,符号相反时,偏差数值只注写一次,并在偏差值与基本尺寸之间注写符号"±",且两者数字高度相同,如图 7.28(c)所示。

(3)在孔或轴的基本尺寸的右边同时注出公差带代号和相应的极限偏差数值,此时偏差数值应加上圆括号,如图 7.29 所示。

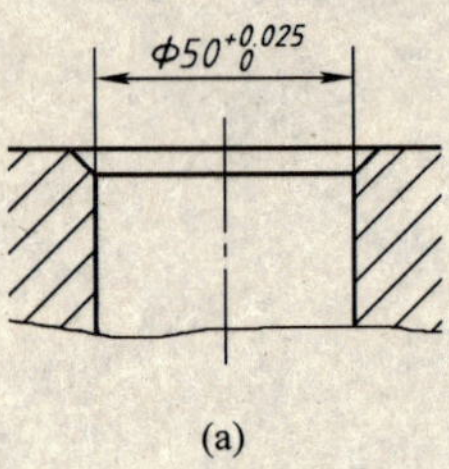

图 7.28　标注极限偏差数值

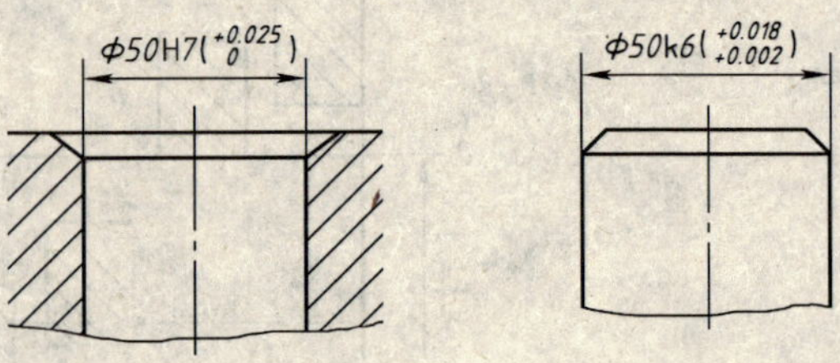

图 7.29　标注公差带代号和极限偏差数值

2. 装配图中的标注

装配图中一般标注配合代号，配合代号由两个相互结合的孔或轴的公差带代号组成，写成分数形式，分子为孔的公差带代号，分母为轴的公差带代号，如图 7.30 所示。

图中 ϕ50H7/k6 的含义为：基本尺寸 ϕ 50，基孔制配合，基准孔的基本偏差为 H，等级为 7 级；与其配合的轴基本偏差为 k，公差等级为 6 级，图 7.30 中 ϕ 50F8/h7 是基轴制配合。

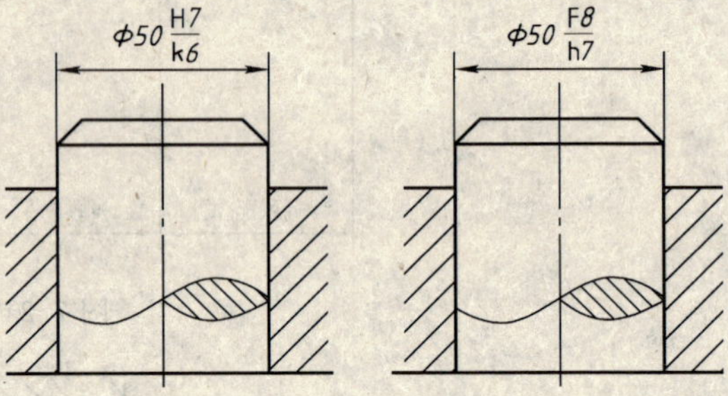

图 7.30　装配图中一般标注方法

7.3　形状和位置公差基本知识

7.3.1　形状和位置公差的基本概念

零件在加工时，不仅尺寸会产生误差，其构成要素的几何形状以及要素与要素之间的相对位置，也会产生误差。如图 7.31 所示，台阶轴加工后的各实际尺寸虽然都在尺寸公差范围内，但可能会出现鼓形、锥形、弯曲、正截面不圆等形状，这样，实际要素和理想要素之间就有一个变动量，即形状误差。轴加工后各段圆柱的轴线可能不在同一条轴线上，如图 7.32 所示，这样实际要素与理想要素在位置上也有一个变动量，即位置误差。

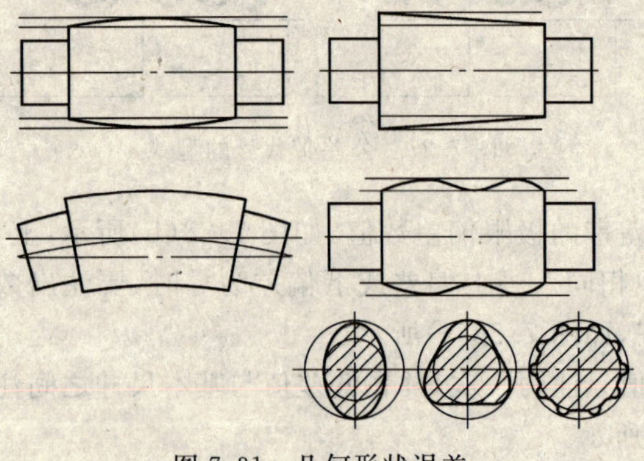

图 7.31　几何形状误差

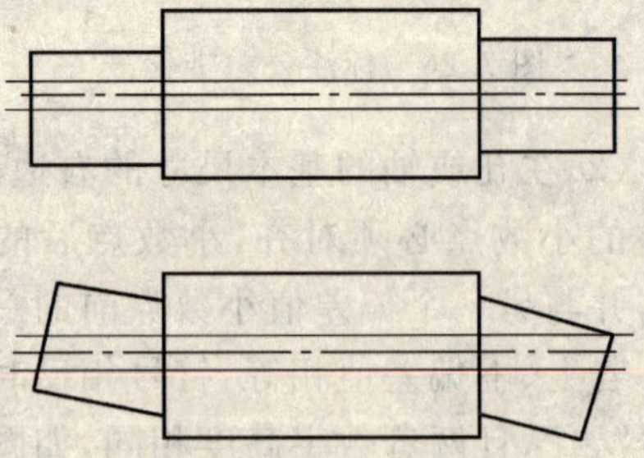

图 7.32　位置误差

设计机器时，须对零件的形状、位置误差予以合理的限制，执行国标规定的形状和位置公差(简称形位公差)。

(1)形状公差是指单一实际要素的形状所允许的变动全量。

(2)位置公差是指关联实际要素的位置对基准要素所允许的变动全量。

全量是指被测要素的整个长度而言。

7.3.2 形状和位置公差特征项目符号和框格形式

1. 公差特征项目符号

公差特征项目符号见表 7.6。

表 7.6 形状和位置公差特征项目符号(摘自 GB/T 1182—1996)

公差		特征项目	符号	有或无基准要求
形状	形状	直线度	—	无
		平面度	▱	无
		圆度	○	无
		圆柱度	⌭	无
形状或位置	轮廓	线轮廓度	⌒	有或无
		面轮廓度	⌓	有或无
位置	定向	平行度	//	有
		垂直度	⊥	有
		倾斜度	∠	有
	定位	位置度	⌖	有或无
		同轴(同心)度	◎	有
		对称度	⌯	有
	跳动	圆跳动	↗	有
		全跳动	⌰	有

2. 形位公差代号

形位公差应采用代号标注,如图 7.33 所示。当无法采用代号标注时,允许在技术要求中用文字说明。

形位公差代号是由形位公差各项目的符号、形位公差框格、指引线、公差数值和基准代号的字母等组成,如图 7.33(a)所示。公差框格和指引线均用细实线画出,指引线箭头与尺寸线箭头画法相同,箭头应指向公差带的宽度或直径方向。框格应水平或垂直画出,第一格填写形位公差项目的符号;第二格填写形位公差数值和有关符号;第三格和以后各格填写基准代号的字母和有关符号。

基准符号用加粗的短划线表示,如图 7.33(b)所示。基准代号由基准符号、圆圈、连线和字母组成,圆圈和连线均用细实线,圆圈内填写的大写拉丁字母是基准字母,无论基准代号在图样中的方向如何,圆圈内的字母都应水平书写。

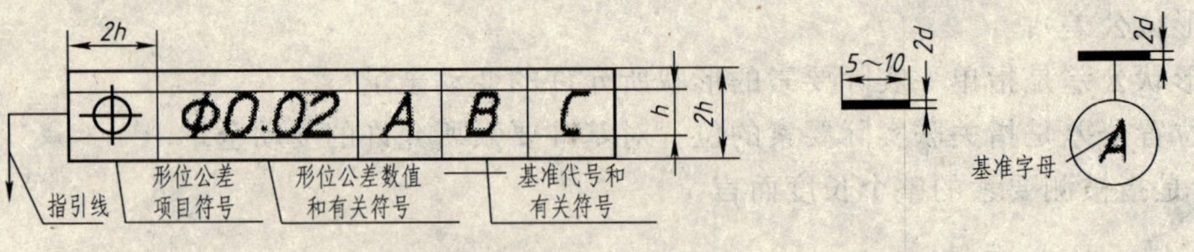

(a)　　　　　　　　　(b)

图 7.33　形状公差标注代号

(a)形状公差代号的形式　(b)基准符号和基准代号

7.3.3　被测要素和基准要素的标注

1. 被测要素的标注

用带箭头的指引线将框格与被测要素相连。当被测要素为轮廓线或表面时，将箭头指向该要素的轮廓线或轮廓线的延长线上（但须与尺寸线明显地分开），如图 7.34 所示。

当被测要素为轴线、中心平面时，则带箭头的指引线应与尺寸线的延长线重合，如图 7.35 所示。

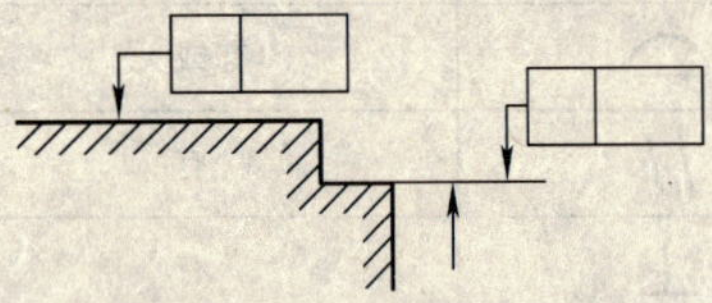

图 7.34　被测要素标注(一)

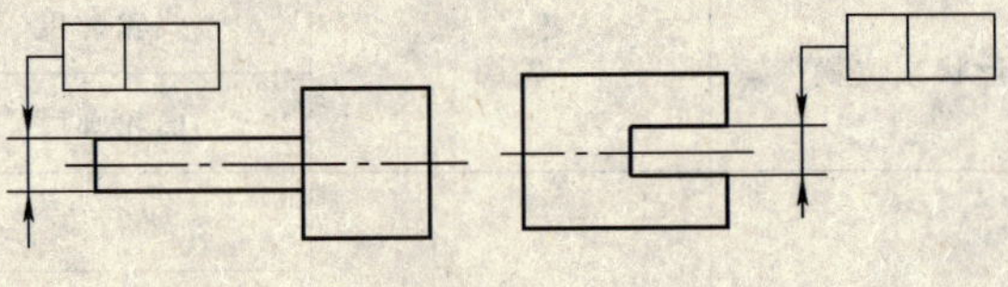

(a)　　　　(b)

图 7.35　被测要素标注(二)

2. 基准要素的标注

相对于被测要素的基准，用基准字母表示。带小圆的大写字母用细实线与粗短横线相连组成基准符号，如图 7.36 所示。小圆内的大写字母是基准字母，无论基准符号在图样中的方向如何，小圆内的字母都应水平书写。表示基准的字母也应注在公差框格内，如图 7.37 所示。

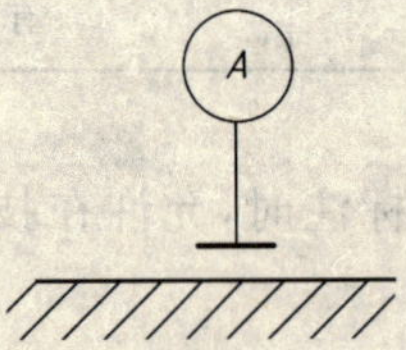

图 7.36　基准符号

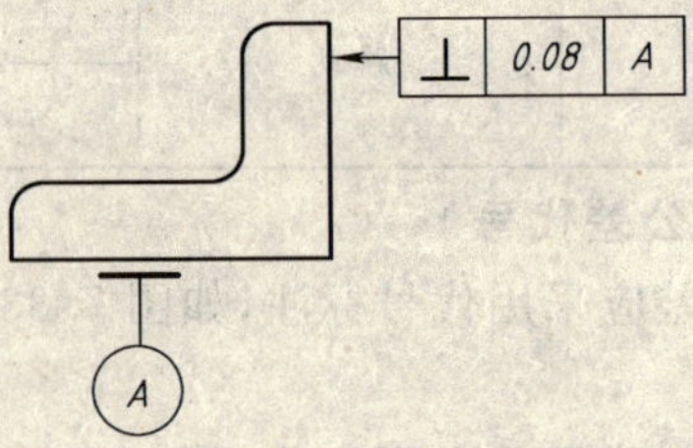

图 7.37　基准要素的标注(一)

当基准要素是轴线、中心平面或由带尺寸的要素确定的点时，则基准符号中的细实线与尺寸线一致，如图 7.38(a)所示。如果尺寸线处安排不下两个箭头时，则另一箭头可用短横线代替，如图 7.38(b)所示。任选基准（互为基准）的标注方法如图 7.39 所示。

7.3.4　形位公差标注示例

下面给出图例，进一步说明常见形位公差的含义及其标注方法，图例中仅标出与形位公差

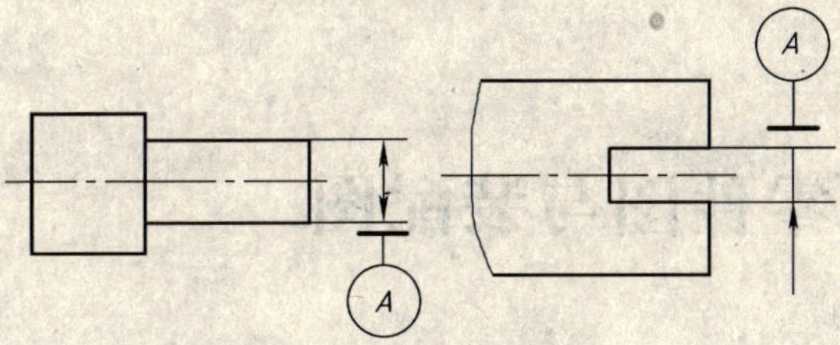

(a) (b)

图 7.38 基准要素的标注(二)

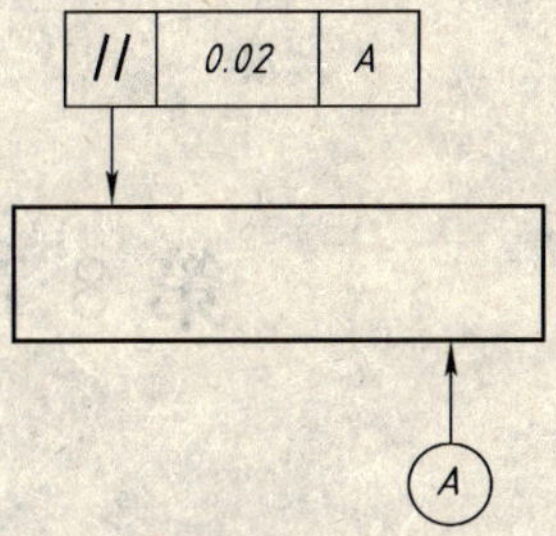

图 7.39 基准要素的标注(三)

有关的尺寸。

图 7.40 为滚动轴承座圈的有关形位公差。

(a)图圆度公差带是在同一正截面上,半径差为公差值 0.004 的两同心圆之间的区域。

(b)图垂直度公差带是距离为公差值 0.015 且垂直于基准线的两平行平面之间的区域。

(c)图直线度公差带是指在给定平面内,公差带是距离为公差值 0.002 的两平行直线之间的区域,且当被测要素有误差时,只允许中间向材料处凸起。

(d)图平行度公差带是距离公差值 0.005 且平行于基准平面的两平行平面之间的区域。

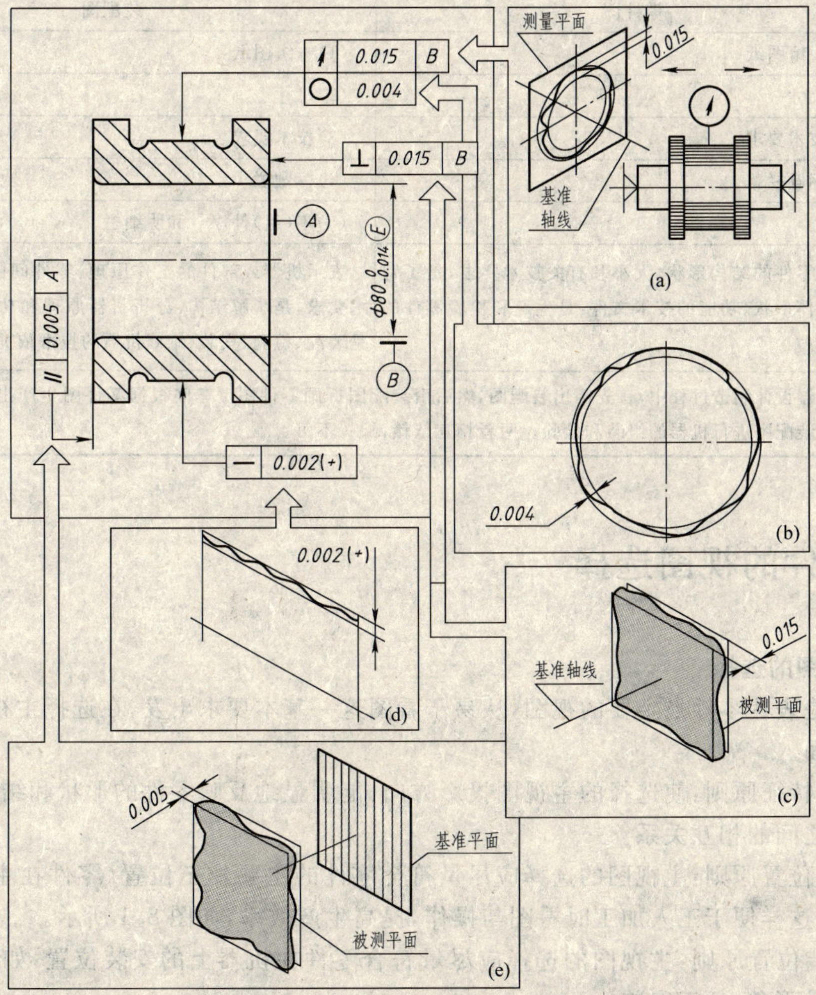

图 7.40 滚动轴承内座圈

第 8 章　识读零件图与装配图

8.1　零件图与装配图的概述

任何一台机器或一个部件都是由若干零件按一定的装配关系和设计、使用要求装配而成的。表达机器或部件的图样称为装配图，表达单个零件的图样称为零件图，装配图和零件图统称为机械图。

对零件图与装配图的内容、作用和相互关系进行比较，如表 8.1 所示。

表 8.1　零件图与装配图的比较

	零件图	装配图
内容	(1)一组图纸	(1)一组图纸
	(2)尺寸	(2)尺寸
	(3)技术要求	(3)技术要求
	(4)标题栏	(4)标题栏
		(5)零(组)件序号和明细栏
作用	表示零件的结构形状、大小和有关技术要求，是了解零件具体形状、功能的技术文件，是生产和检验零件的依据	表示机器或部件的工作原理、零件间的装配关系和技术要求，是了解结构、分析机器原理和功能的技术文件，是装配、检验、安装、维修机器的技术依据
相互关系	在机器设计制造过程中，首先画出装配图，然后由装配图拆画零件图。车间根据零件图生产出各个零件，最后再根据装配图进行机器的组装和检验。两者相互依赖，缺一不可	

8.2　零件的视图选择

1. 主视图的选择

主视图是表达零件最主要的视图，从易于看图这一基本要求出发，在选择主视图时应考虑以下三个方面。

(1)形状特征原则：使选择的主视图投影方向，能明显地反映零件的形状和结构特征，以及各组成部分之间的相互关系。

(2)加工位置原则：主视图的选择应尽量符合零件的主要加工位置(零件在主要工序中的装夹位置)。这样便于工人加工时看图与操作，提高生产效率，如图 8.1 所示。

(3)安装位置原则：主视图的选择应尽量符合零件在机器上的安装位置，如图 8.2 所示。这样读图比较形象，便于安装。

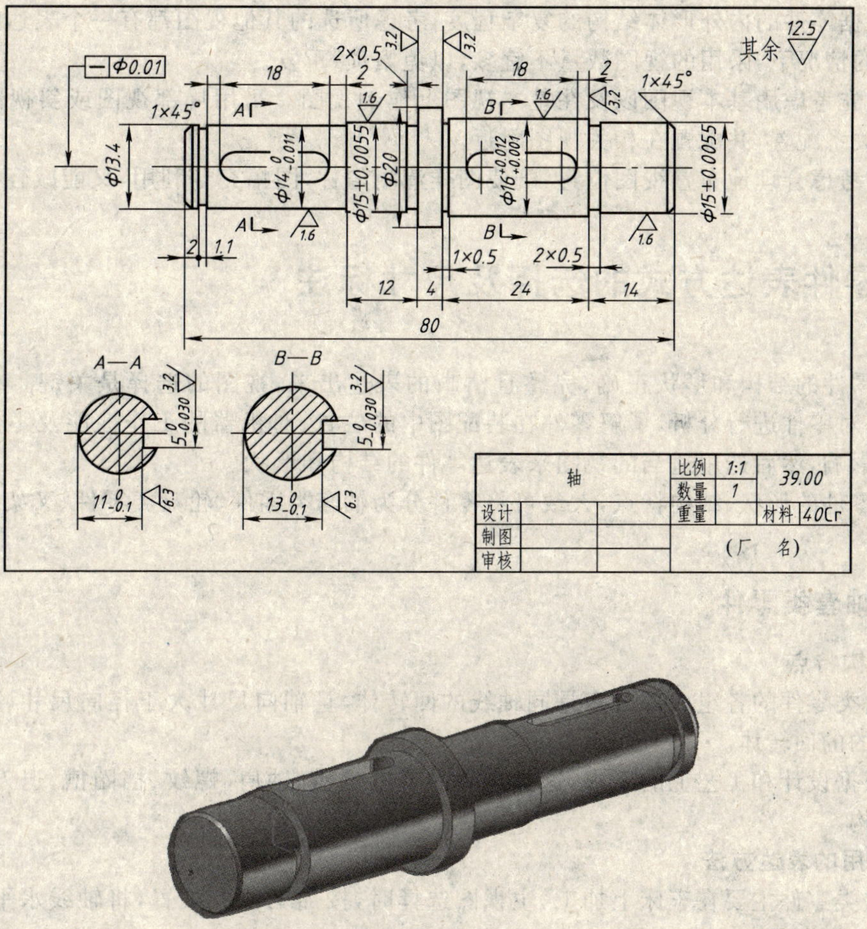

图 8.1 轴的零件图

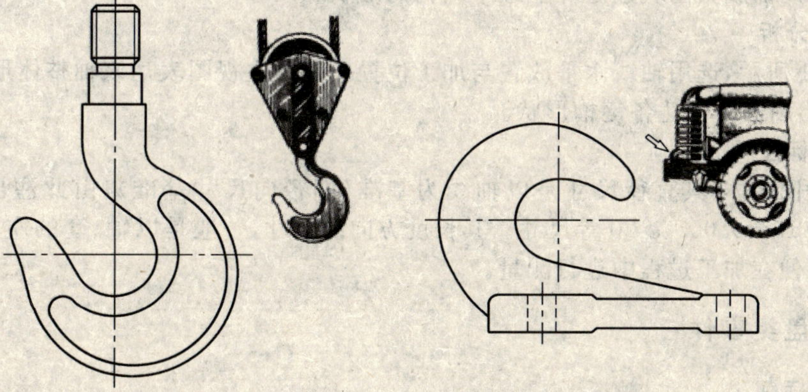

(a) (b)

图 8.2 吊钩与拖钩的视图

(a)吊钩 (b)前拖钩

2. 其他视图的选择

其他视图用于补充表达主视图尚未表达清楚的结构。其他视图的选择可以考虑以下几点。

(1)根据零件的内外形体结构的复杂程度，考虑所选的其他视图都有一个表达的重点。在表达清楚的情况下，采用的视图数量不宜多，以免繁琐、重复。

(2)优先考虑用基本视图以及在基本视图上作剖视图。采用局部视图或斜视图时应尽可能按投影关系配置，并配置在相关视图附近。

(3)要考虑合理地布置视图位置，既使图样清晰匀称，图幅充分利用，又能减轻视觉疲劳。

8.3 零件表达方式的选择及尺寸标注

要将零件的结构和形状正确、完整且清晰的表达出来，视图的选择是关键。在视图选择时，首先要对零件进行分析，了解零件在装配图中的位置、对机器的工作性能及零件的加工精度有什么影响，然后选用适当的视图来表达零件的结构和形状。

根据零件的形状、结构特点，大致可将零件分为轴套类零件、轮盘类零件、叉架类零件和箱体类零件。

8.3.1 轴套类零件

1. 结构特点

(1)这类零件的各组成部分多是同轴线的回转体，且轴向尺寸大于径向尺寸，从总体上看是细而长的的回转体。

(2)根据设计和工艺上的要求，这类零件多带有键槽、轴肩、螺纹、挡圈槽、退刀槽、中心孔等局部结构。

2. 常用的表达方法

(1)这类零件主要在车床上加工，主视图选择时，按加工位置放置，将轴线水平放置，键槽朝前作为主视图投射方向较好。

(2)常采用断面、局部视图、局部剖视等来表达键槽、花键和其他槽、孔等结构形状。

(3)常用局部放大图表达零件上细小结构的形状和尺寸。

3. 实例分析

如图 8.1 所示，选用轴线水平放置与加工位置一致的主视图表达该轴整体形状，选用 A—A、B—B 移出断面图表达各键槽形状。

4. 尺寸标注

轴、套是回转体，其直径尺寸是以轴线为基准(即径向尺寸基准)，由此注出如图 8.1 中 $\phi 14_{-0.001}^{\ 0}$、$\phi 15 \pm 0.055$、$\phi 20$ 等尺寸。其长度方向的尺寸，一般是以轴、套的左右两端面为基准标注的，以便在加工过程中进行测量。

8.3.2 轮盘类零件

1. 结构特点

(1)这类零件的主体部分多由回转体组成，且轴向尺寸小于径向尺寸，其中往往有一个端面是与其他零件连接时的重要接触面。

(2)为了与其他零件连接，零件上设计了光孔、键槽、螺孔、止口、凸台等结构。

2. 常用的表达方法

(1)该类零件主要在车床上加工，选择主视图时一般轴线应水平放置。

(2)多采用两个基本视图:主视图常用剖视图表达内部结构;另一视图表达零件的外形轮廓和各部分如凸缘、孔、肋、轮辐等的分布情况,如图 8.3 所示。如果两端面都较复杂,还需增加另一端面的视图。

3. 实例分析

如图 8.3 所示为机床尾架上的一个端盖。其主视图选择轴线水平放置,与工作位置一致,又与加工位置相适应。主视图采用几个相交的剖切平面将其内部结构全部表示出来。选用右视图,表达其端面轮廓形状及各孔的相对位置。

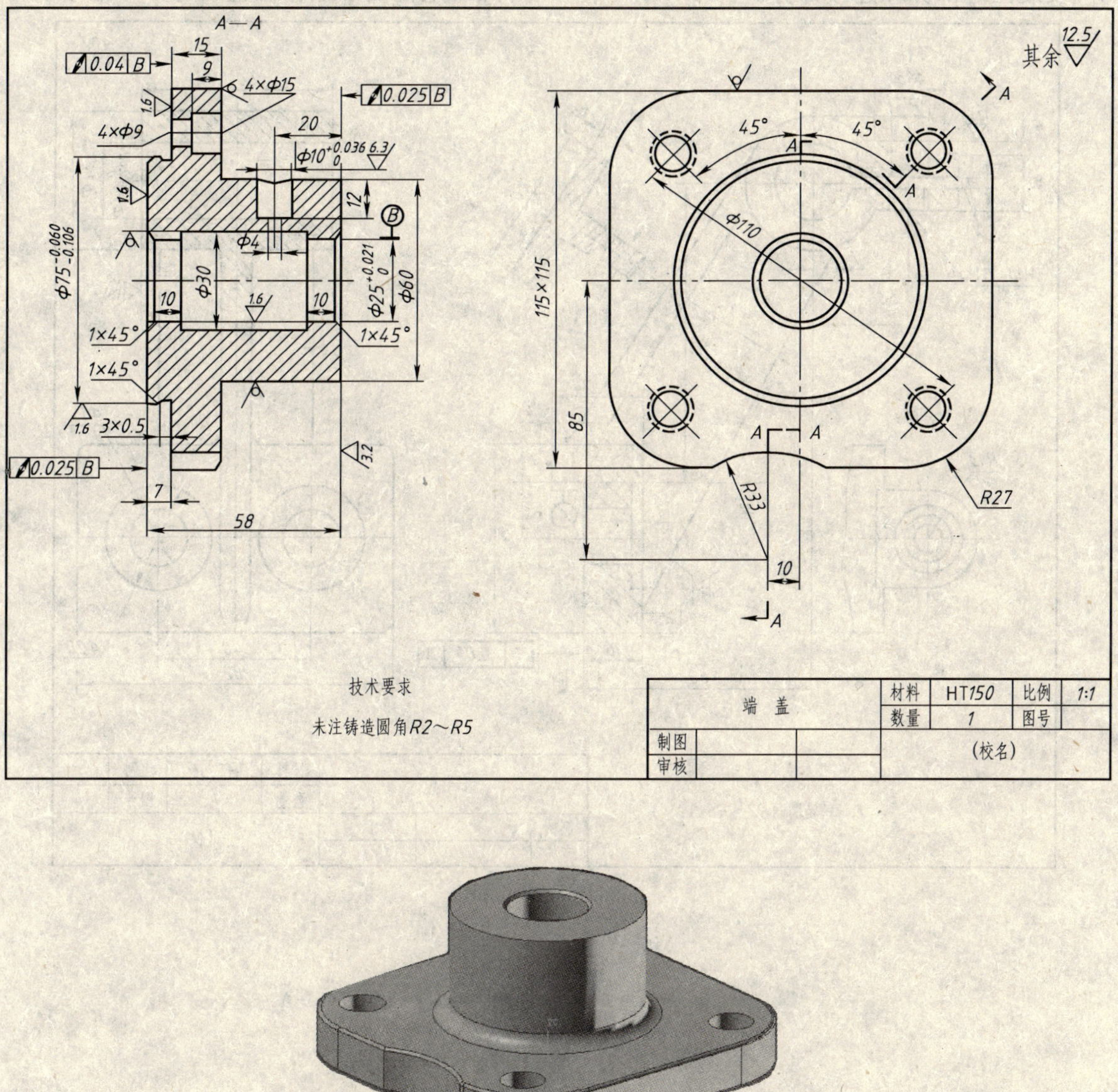

图 8.3　端盖的视图选择

4. 尺寸标注

轮盘类零件在标注尺寸时,通常选用通过轴孔的轴线作为径向尺寸基准。如图 8.3 中端盖就是这样选择的，径向尺寸基准也是标注方形凸缘的高、宽方向的尺寸基准。

长度方向的尺寸基准，常选用重要的端面。如图 8.3 端盖的左端面为长度方向尺寸的主要基准。

8.3.3 叉架类零件

叉架类零件，主要起支承和连结作用。其形状结构按功能的不同常分为三部分：工作部分、安装固定部分和连接部分。图 8.4 所示托架零件图，主视图以工作位置放置并考虑形状特

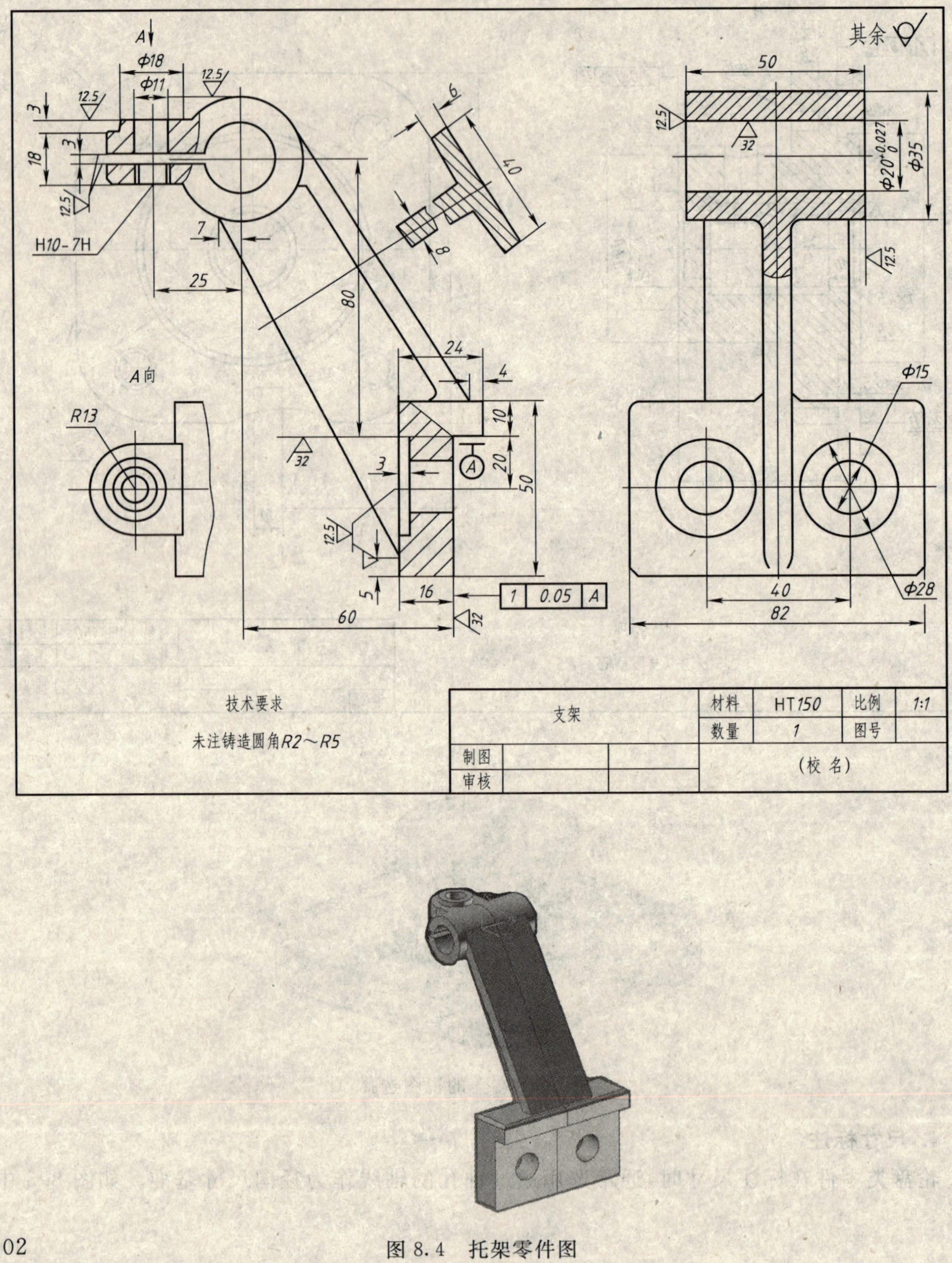

图 8.4　托架零件图

征，表达了相互垂直的安装面、T 型肋、支承孔以及夹紧用的螺孔等结构。左视图主要表达安装板的形状和安装孔的位置以及工作部分孔ϕ 16 等处，为了表明螺纹夹紧部分的外形结构，采用 A 向局部视图。用移出断面表达 T 型肋的断面形状。

叉架类零件标注尺寸时，通常选用安装基面或零件的对称面，作为尺寸基准。如图 8.4 的托架选用安装板右端面，作为长度方向的尺寸基准；选用安装板的底面（B 面），作为高度方向的尺寸基准。从这两个基准出发，分别注出 60、90，定出上部工作孔的轴线位置，作为ϕ 16、ϕ 26的径向尺寸基准。宽度方向的尺寸基准是前后方向的对称平面，由此在左视图中注出 40、82 以及在移出剖面中注出 8、40 等尺寸。

8.3.4 箱体类零件

箱体是组成机器或部件的主要零件之一。起支承和包容其他零件的作用，内部需安装各种零件，因此结构较复杂。一般是由一定厚度的四壁及类似外形的内腔构成的箱形体。壳壁部分常设计有安装轴、密封盖、轴承盖、油杯、油塞等零件的凸台、凹坑、沟槽、螺孔等结构。箱体类零件多为铸件。

箱体类零件主视图常根据箱体的安装工作位置、主要结构特征进行选择。在基本视图上常采用局部剖视图线或通过对称平面作剖视图以表达其内部形状及外形。同时还采用局部视图、局部剖视图、斜视图、断面图等表达局部结构形状。

图 8.5 所示箱体选择其工作位置作为主视图的投影方向。主视图和左视图分别采用几个互相平行的剖切平面和单一剖切平面的全剖视图，表达三轴孔的相对位置。主视图上虚线表示

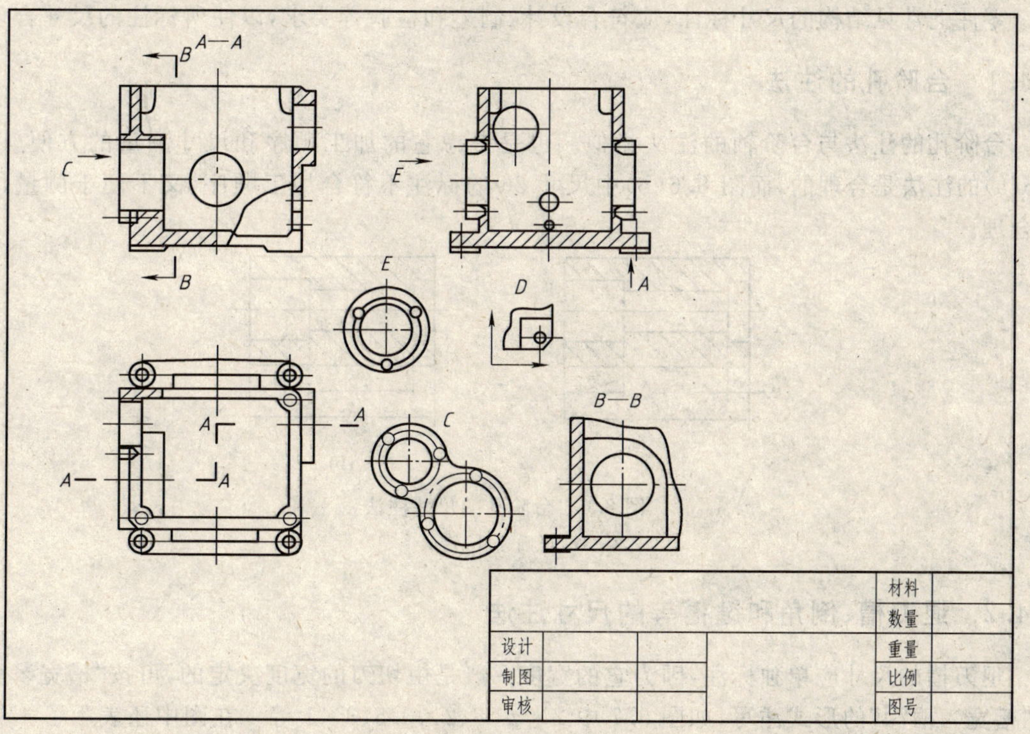

图 8.5　箱体的表示方法

用来安装油标、螺塞的螺孔；俯视图主要表达顶部和底部的结构形状及各孔的相对位置；B—B 局部剖视图表达轴孔的内部凸台的形状；C 向局部视图表达两孔左端面的形状和螺孔位置；D 向局部视图表达底板安装孔处凸台形状；E 向局部视图表达轴孔端面凸台形状和螺孔位置。选用这样一组视图，便可把箱体的全部形状表达清楚。

8.4　零件上常见结构的尺寸标注

零件上常见结构的尺寸标注，应符合设计、制造和检验等要求，以使所标注的尺寸合理。

8.4.1　台阶孔的注法

台阶孔的注法与台阶轴的注法相似。也是考虑它的加工顺序和尺寸测量的方便。如图 8.6(a)的注法是合理的，而图 8.6(b)中尺寸 26 的标注不符合加工顺序，又不便于测量，标注不合理。

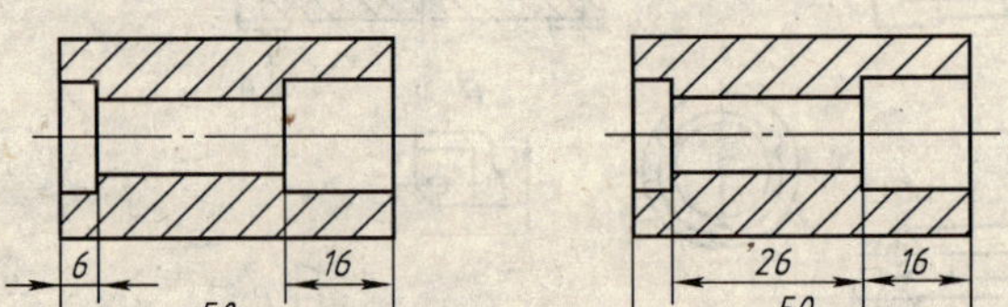

图 8.6　台阶孔的尺寸注法

(a)正确　(b)错误

8.4.2　退刀槽、倒角和键槽等的尺寸注法

退刀槽的尺寸应单独标注，因为它的宽度一般是由切刀的宽度决定的，可按“槽宽×直径”或“槽宽×槽深”的形式注写，如图 8.7 中 2×ϕ18、2×0.5、3×1 等。在图中还表示了 45°倒角(1×45°)和键槽的尺寸注法。

国标 GB/T 16675.2—1996 规定了在不致引起误解时，零件中的 45°倒角可以省略不画，

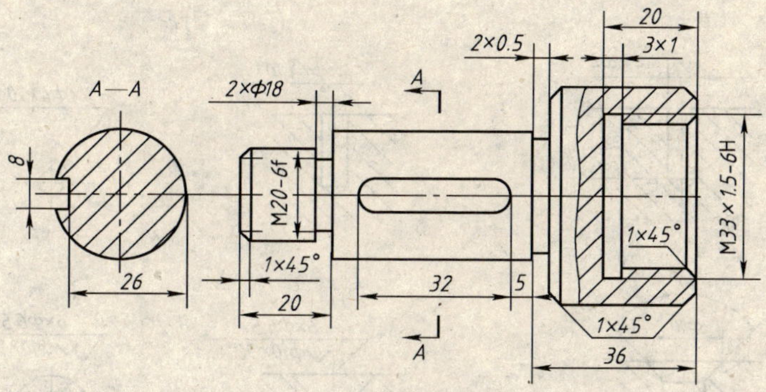

图 8.7　退刀槽、倒角和键槽尺寸注法

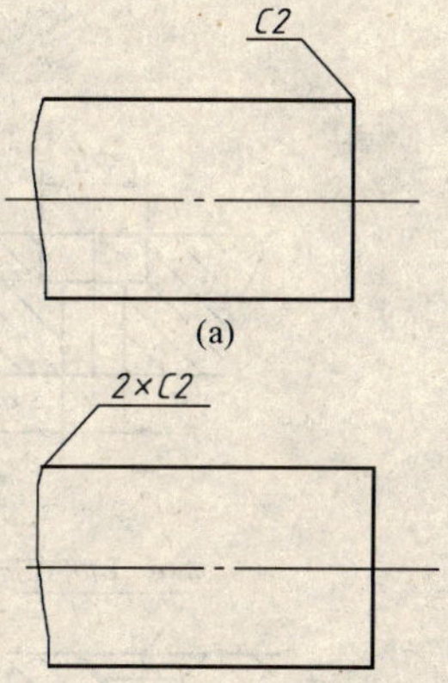

(a)

(b)

图 8.8　倒角的简化画法及标注

(a)一端带倒角　(b)两端带倒角

其尺寸也可简化标注，如图 8.8 所示，其中“2×C2”中的“2”表示两端，“C”是 45°倒角的符号，其后的“2”是倒角的角宽。

8.4.3　链式尺寸注法

在图 8.9(b)中，尺寸 b、c、d 互相衔接，构成一个封闭的尺寸链，这种情形应避免。当几个尺寸构成一个封闭的尺寸链时，应当在尺寸链中，挑选一个最次要的尺寸空出不注，如图 8.9(a)所示。这样，其他尺寸的公差就可根据实际需要而适当减小。其他尺寸的加工误差，可全都积累在这个不影响使用要求的尺寸上。

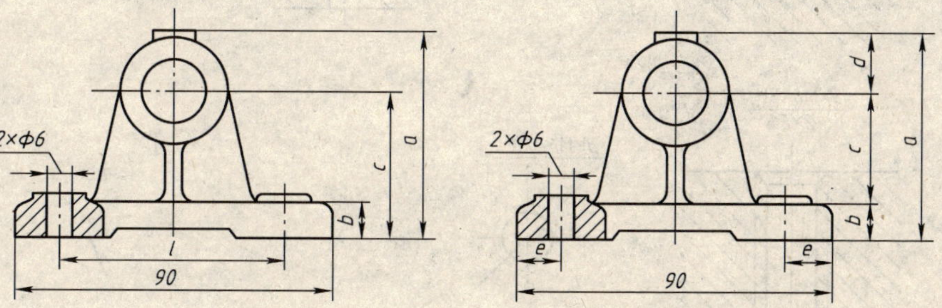

(a)　　(b)

图 8.9　链式尺寸的注法

(a)正确　(b)错误

8.4.4　零件上常见的光孔、螺孔、沉孔、锥销孔的标注(GB/T 16675.2—1996)

各类孔可采用旁注和符号相结合的方法，指引线应从在装配时的装入端或孔的圆形视图的中心引出，指引线的基准线上方应注写主孔尺寸，下方应注写辅助孔等内容，如沉孔尺寸等，如图 8.10 所示。

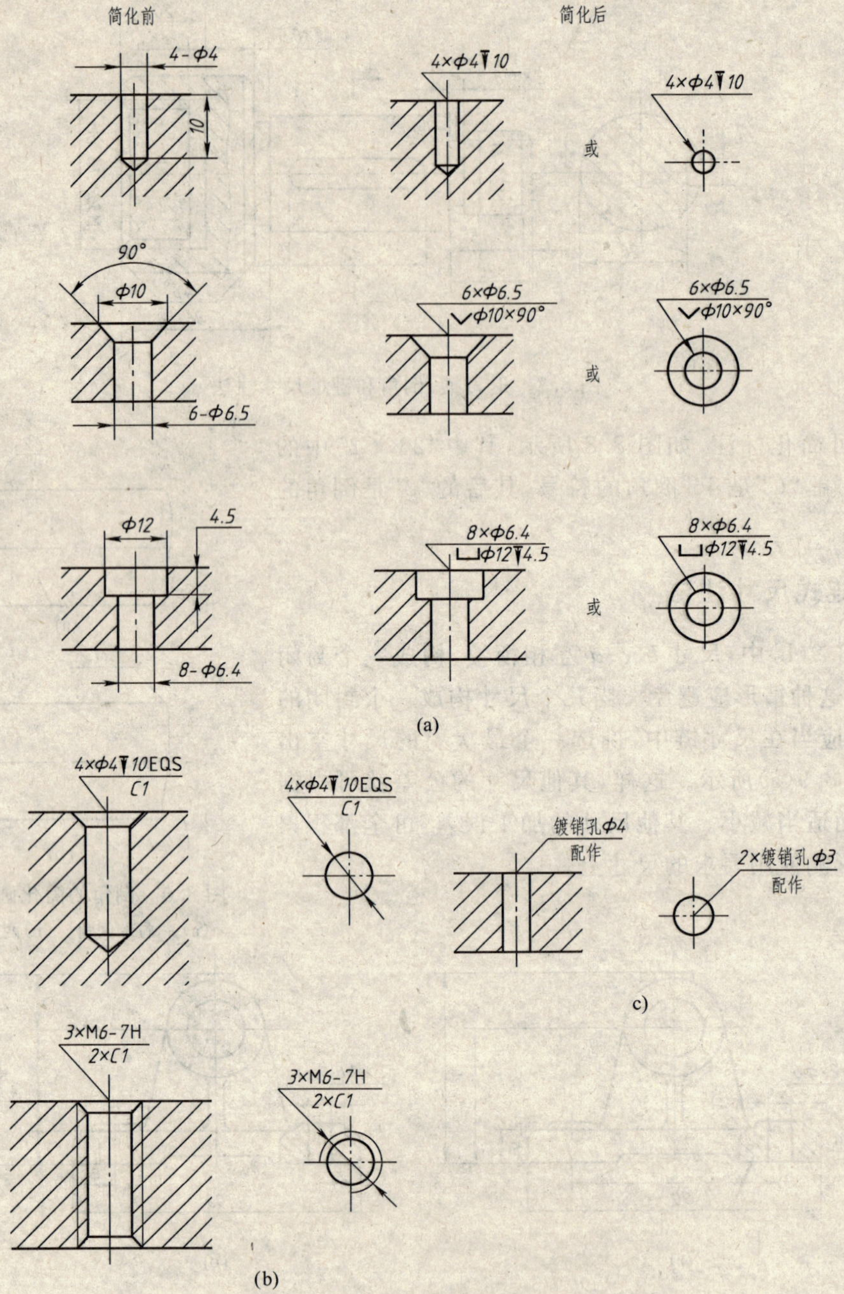

图 8.10　孔的尺寸注法

8.5　识读零件图

从事各种专业工作的技术人员，必须具备看零件图的能力。要看懂一张零件图，不仅要看懂零件的视图，想象出零件的形状，还要分析零件的结构、尺寸和技术要求等内容，然后才能确定加工方法、工序以及测量和检验方法。下面以蜗轮减速器箱体为例，说明看零件图的一般方法，如图 8.11 所示。

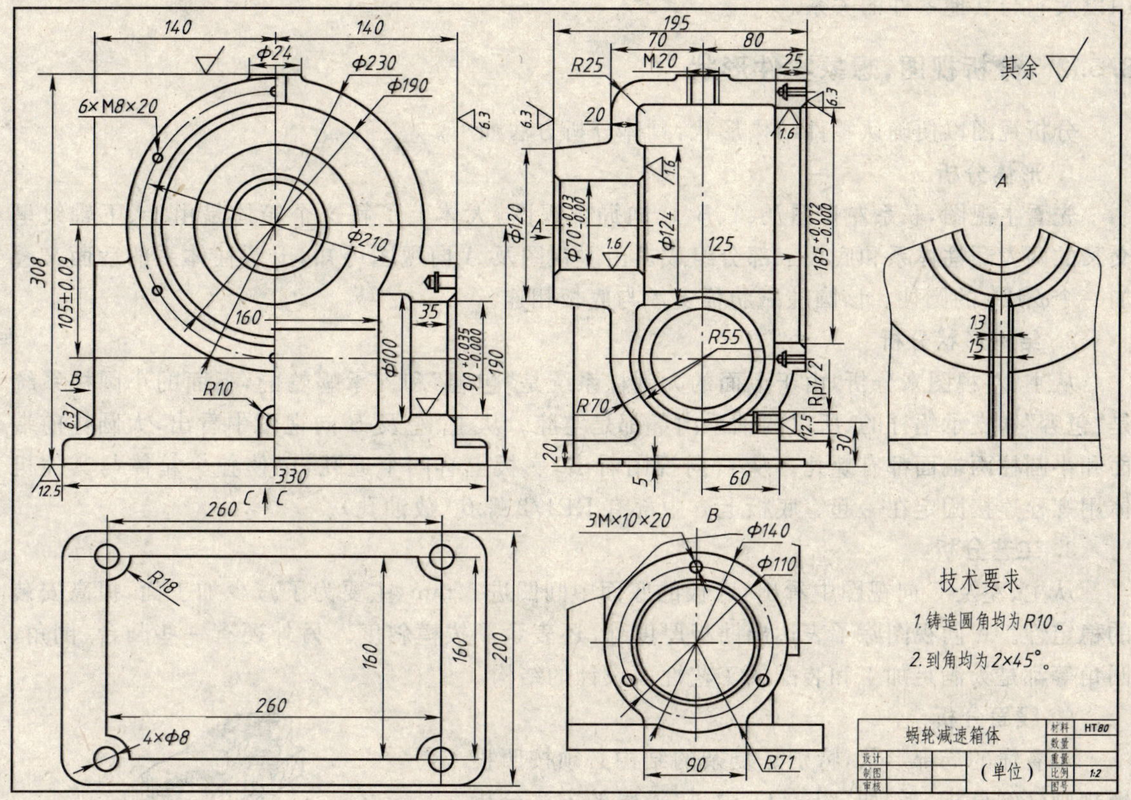

图 8.11　蜗杆减速箱体零件图

8.5.1　了解零件在机器中的作用

1. 看标题栏

从标题栏中可知零件的名称、材料、比例等。该零件是减速器的外壳，蜗轮和蜗杆装在这箱体内的上下方、靠它支承而运转。

2. **看其他资料**

当零件复杂时，尽可能参看装配图及其相关的零件图等技术文件，进一步了解本零件的功用以及它与其他零件的关系。

8.5.2 分析视图，想象零件形状

分析视图以便确认零件结构形状，具体分析方法如下。

1. **形体分析**

先看主视图，联系左视图及 A、B、C 向局部视图，大体上了解这个箱体是由上、下轴线呈交叉的两大圆柱体系和底板三部分组成。由左视图及 A 向视图可知，上圆柱体系的后面又叠加一个 $\phi 120$ 的圆柱。该圆柱靠肋板支承与底板相连。

2. **结构形状分析**

从主、左视图来分析，由于上面的大圆柱系统是“包容”和支承蜗轮的，下面的小圆柱系统是“包容”和支承蜗杆的，所以两轴系内部都是空腔。从主、左及 B 向视图中看出，大圆柱前端面和小圆柱两端面都有螺孔。从 C 向视图看出，底板上有四个通孔，以使整个箱体与其他机体用螺栓连接固定在一起。底板上方中部有 RP1/2 螺孔(放油孔)。

3. **工艺分析**

从主、左及 C 向视图中看出，底板的底面中间凹进 5 mm，主要为了减少加工面，提高安装的稳定性。A 向视图除了表达出肋板厚度外，还表示了拔模斜度。另外还有一些凸台、倒角、圆角等都是为满足加工和装配的工艺性而设计的结构。

4. **线面分析**

难看懂的局部形状，特别是复杂的结构必须按照投影规则仔细分析。例如，图 8.11 中，按投影的方法分析可知它们都是面与面的交线。通过上述全面分析，再综合起来想象，就能正确地认识零件的形状如图 8.12 所示。

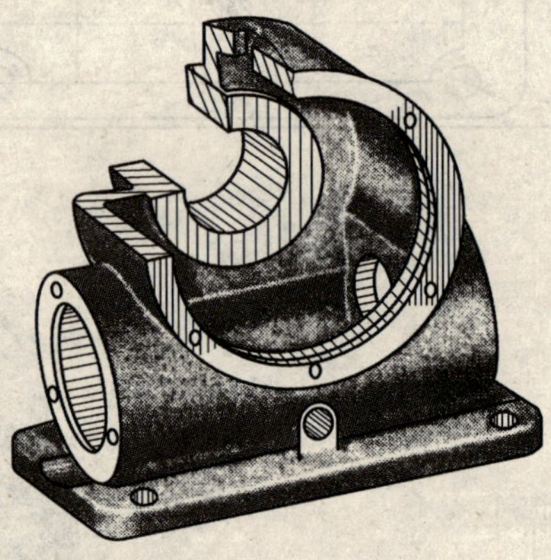

图 8.12 蜗杆减速箱体

8.5.3 零件的尺寸分析

1. **尺寸基准分析**

由主视图可知，箱体左、右是对称的，所以长度方向尺寸的主要基准是零件的左、右对称平面。而高度方向尺寸的主要基准是箱体的底面，宽度方向尺寸的主要基准是 $\phi 230$ 前端面。

2. **分析重要的设计尺寸**

为了保证蜗轮蜗杆准确地啮合传动，上、下轴孔中心距要求较严(105 ± 0.09)，须单独标注。其他各轴孔($\phi 70^{+0.030}_{-0.00}$、$\phi 185^{+0.072}_{-0.000}$、$\phi 90^{+0.035}_{-0.000}$)和上轴孔中心高都属于重要的设计尺寸，加工时应保证它们的精度。另外一些安装尺寸，如底板上的 260、160 和大圆柱前端面 $\phi 210$ 等，其精度虽要求不高，但考虑到与其他零件装配时的对准性，所以也属重要尺寸。

8.5.4 看技术条件

零件图上的技术要求是合格零件的质量指标，在生产过程中须严格遵守。看图时一定要

把零件的表面粗糙度、尺寸偏差、形位公差以及其他技术要求仔细分析才能制定出合理的加工方法。

8.6 装配图的表达方法

机器(或部件)同零件一样,都要表达出它们的内外结构。前面讲过的关于零件的各种表达方法和选用原则,在表达机器(或部件)时全都适用,这些方法在装配图中称为一般表达方法。针对装配图的特点,为了清晰简便地表达出装配体的结构,国家标准《机械制图》还对装配图制定了一些特殊表达方法、规定画法和简化画法。现分述如下。

8.6.1 一般表达方法

在零件图中所采用的基本视图、其他各种视图、剖视图、断面图和各种规定画法等,在装配图中同样适用,并且是最基本的表达方法,称为一般表达方法,如图 8.13 所示。

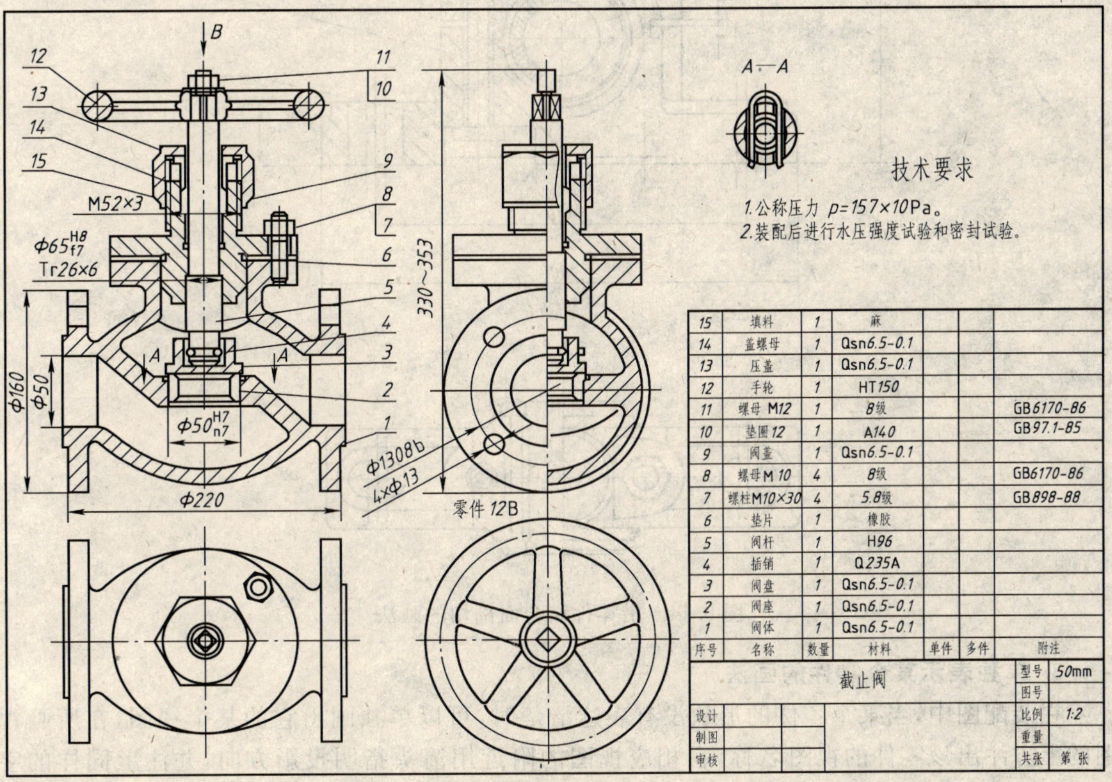

15	填料	1	麻			
14	盖螺母	1	Qsn6.5-0.1			
13	压盖	1	Qsn6.5-0.1			
12	手轮	1	HT150			
11	螺母 M12	1	8级			GB6170-86
10	垫圈 12	1	A140			GB97.1-85
9	阀盖	1	Qsn6.5-0.1			
8	螺母 M 10	4	8级			GB6170-86
7	螺柱 M10×30	4	5.8级			GB898-88
6	垫片	1	橡胶			
5	阀杆	1	H96			
4	插销	1	Q235A			
3	阀盘	1	Qsn6.5-0.1			
2	阀座	1	Qsn6.5-0.1			
1	阀体	1	Qsn6.5-0.1			
序号	名称	数量	材料	单件	多件	附注

图 8.13 一般表达方法

8.6.2 特殊表达方法

由于机器(或部件)是由若干零件装配而成,在表达时会出现一些新问题,如有些零件遮住了其他零件,有些零件需要表示出它在机器中的运动范围等。针对这些问题,国家标准《机械制图》又提出了一些特殊表达方法。

1. **拆卸画法**

当某个(或某些)零件在装配图的某一视图上遮住了需要表达的结构或它们在其他视图中已表示清楚时,可假想拆去这个(或这些)零件,把其余部分的视图画出来。若需要说明时可标注"拆××等"。如图 8.13 的俯视图和左视图拆去了手轮等。

2. **沿零件结合面剖切的画法**

在装配图中,当某个零件遮住其他需要表达的部分时,可假想用剖切平面沿某些零件的结合面剖开,然后将剖切平面与观察者之间的零件拿走,画出剖视图。例如,图 8.14 滑动轴承装配图中俯视图就是按这种方法画出的。图中结合面上不画剖面线。

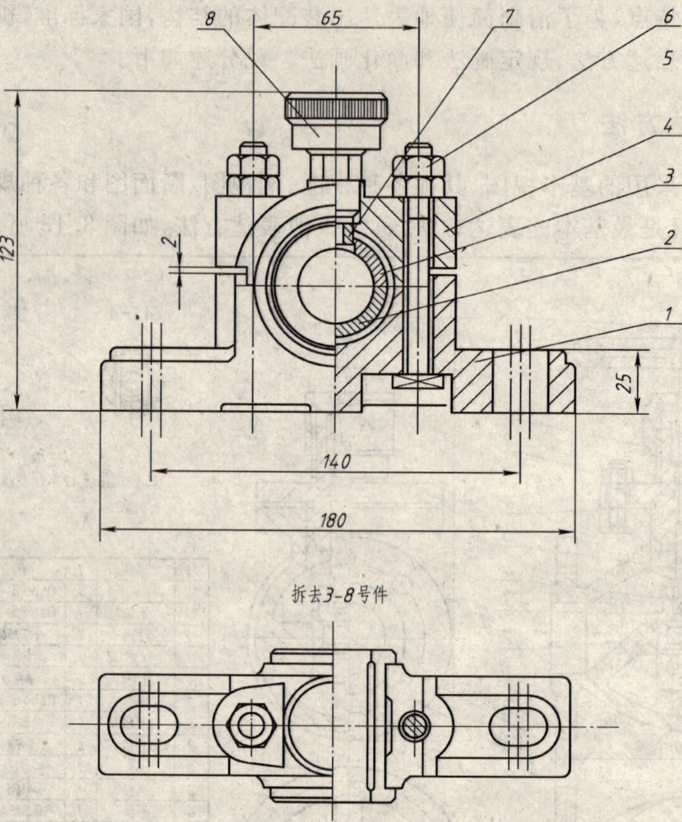

图 8.14 沿零件结合面剖切的画法

3. **单独表示某个零件的画法**

在装配图中,当某个零件的形状没有表达清楚时,可以单独画出它的某个视图,在所画视图的上方注出该零件的视图名称,在相应视图的附近用箭头指明投影方向,并注上同样的字母。

4. **假想投影画法**

(1)在机器(或部件)中,有些零件作往复运动、转动或摆动。为了表示运动零件的极限位置或中间位置,常把它画在一个极限位置上,再用双点画线画出其余位置的假想投影,以表示零件的另一极限位置,并注上尺寸。例如,图 8.15(a)中手柄的运动范围和图 8.15(b)中铣床顶尖的轴向运动范围都是用双点画线画出的。

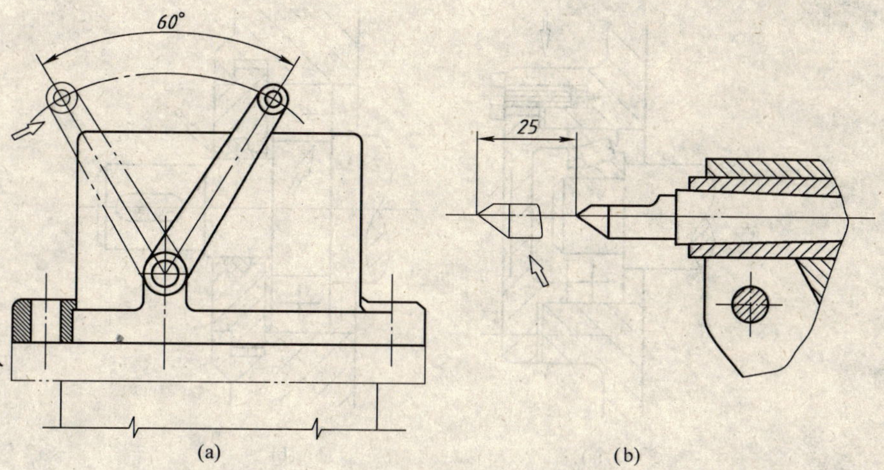

图 8.15　假想投影画法(一)

(2)为了表示装配体与其他零(部)件的安装或装配关系，常把该装配体相邻而又不属于该装配体的有关零(部)件的轮廓线用双点画线画出。如图 8.16 中表示箱体安装在双点画线表示的底座零件上。

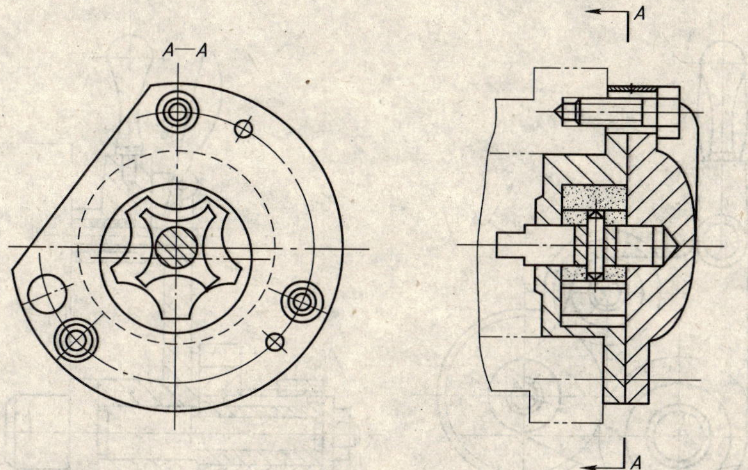

图 8.16　假想投影画法(二)

5. **夸大画法**

在装配体中常遇到一些很薄的垫片、细丝的弹簧、零件间很小的间隙和锥度较小的锥销、锥孔等，若按它们的实际尺寸画出来就很不明显，因此在装配图中允许将它们夸大画出。如图 8.17(a)中轴承压盖和箱体间的调整垫片采用的是夸大画法；图 8.17(b)中带密封槽的轴承盖与轴之间的间隙也是放大后画出的。

6. **展开画法**

为了表示部件传动机构的传动路线及各轴之间的装配关系、可按传动顺序沿轴线剖开，并

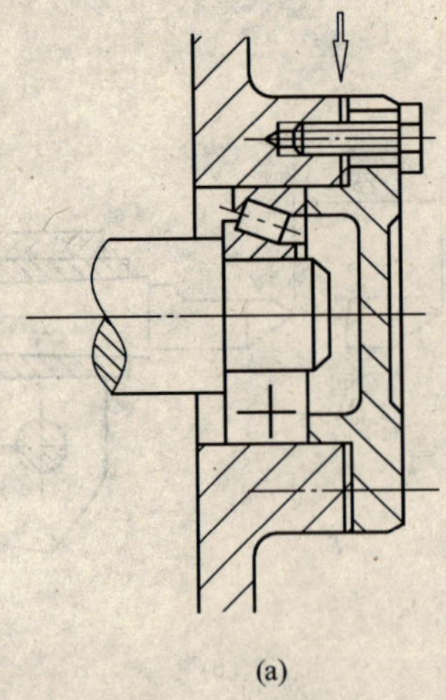

图 8.17　夸大画法

将其展开画出。在展开剖视图的上方应注上“X—X 展开”。图 8.18 所示的挂轮架装配图便是采用的展开画法。

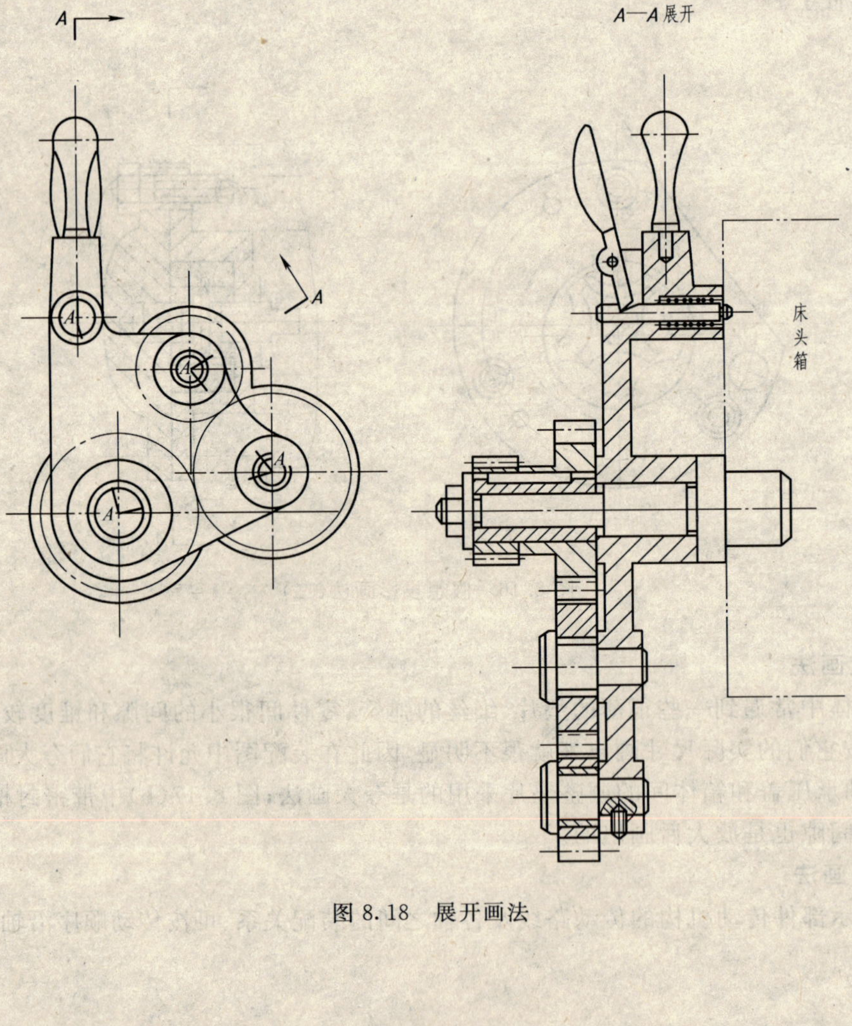

图 8.18　展开画法

8.6.3 规定画法

为了明显区分每个零件，又要确切地表示出它们之间的装配关系，对装配图的画法又作了如下规定。

1. **接触面与配合面的画法**

两相邻零件的接触面或配合面只画一条轮廓线(粗实线)，如图 8.19 所示。两个零件的基本尺寸不相同套装在一起时，即使它们之间的间隙很小，也必须画出有明显间隔的两条轮廓线。如图 8.19 中手轮的外圆柱面和钳体沉孔之间是非配合面存有间隙。

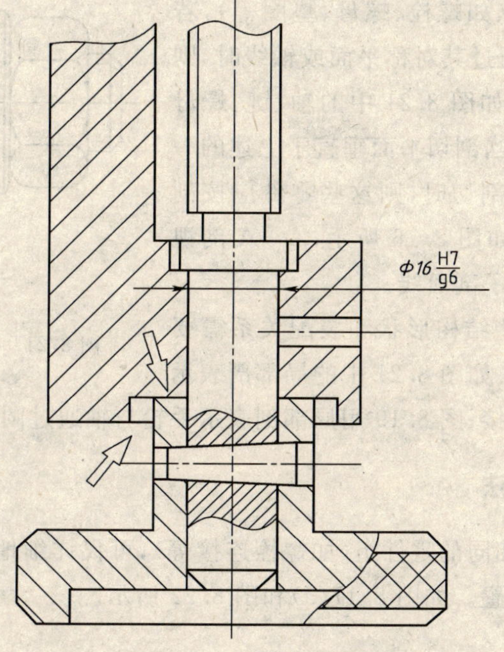

图 8.19 接触面与配合面的画法

2. **剖面线的画法**

剖面线的画法如图 8.20 所示。

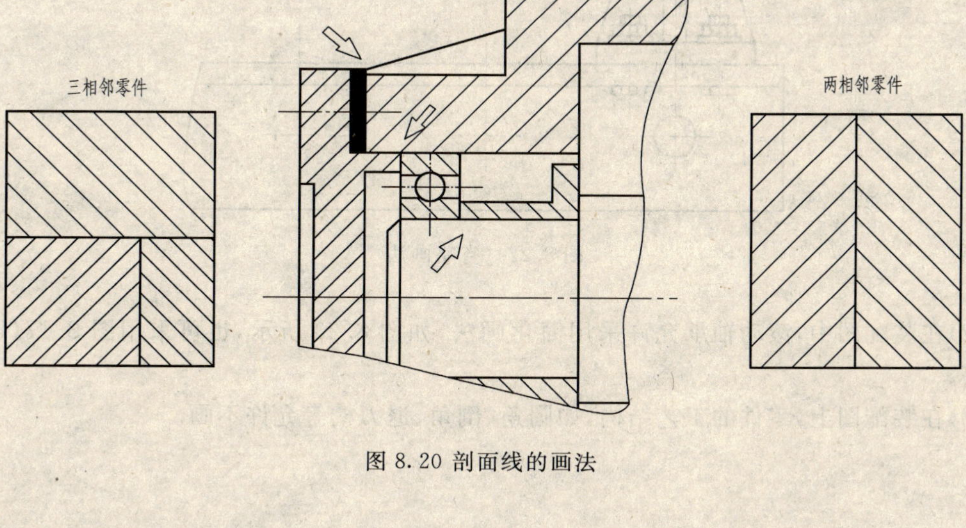

图 8.20 剖面线的画法

(1)同一金属零件的剖面线在各剖视图、断面图中应保持方向一致、间隔相等。

(2)相邻两个零件的剖面线倾斜方向应相反。

(3)三个零件相邻时，除其中两个零件的剖面线倾斜方向相反外，对第三个零件应采用不同的剖面线间隔，并与同方向的剖面线错开。

(4)在装配图中，宽度小于或等于 2mm 的狭小面积的断面，可用涂黑代替剖面符号。如图 8.20 中的垫片。

3. **实心件和紧固件的画法**

(1)在装配图中，对于实心件(如轴、手柄、连杆、吊钩、球、键、销等)和紧固件(如螺栓、螺母、垫圈等)，若按纵向剖开，且剖切平面通过其对称平面或轴线时，则这些零件均按不剖绘制。如图 8.21 中的轴、键、螺母和垫圈都按不剖绘制。但当剖切平面垂直于上述的一些实心件和紧固件的轴线剖切时，则这些零件应按剖视绘制，画出剖面符号。如图 8.16 所示，A—A 剖视图中的轴、螺栓、销都画上了剖面线。

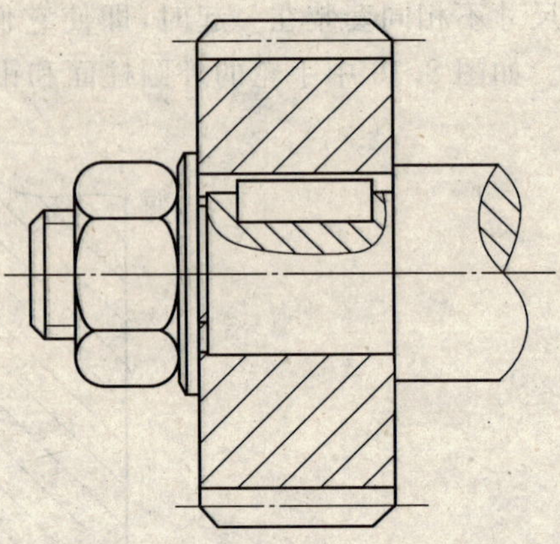

图 8.21　实心件和紧固件的画法

(2)如果实心件上有些结构形状和装配关系需要表明时，可采用局部剖视。如图 8.21 中的局部剖表示齿轮和轴通过平键进行连接；图 8.19 用局部剖表示手轮与轴通过圆锥销进行连接。

8.6.4　简化和省略画法

(1)对装配图中若干相同的零件组(如螺栓连接等)，可仅详细地画出一组或几组，其余只需用点画线表示出装配位置。如图 8.17(a)和图 8.22 所示。

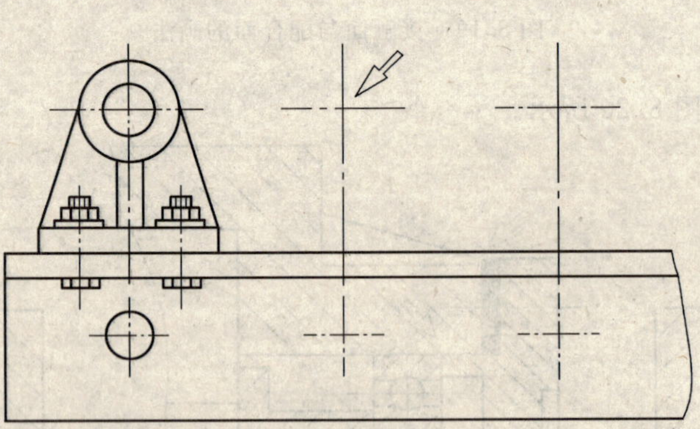

图 8.22　省略画法

(2)在装配图中，滚动轴承允许采用简化画法，如图 8.23 所示，也可采用图 8.17(b)的特征画法。

(3)在装配图上，零件的工艺结构，如圆角、倒角、退刀槽等允许不画。

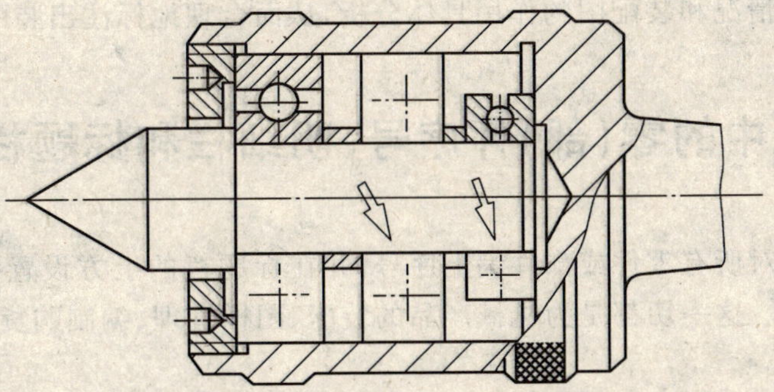

图 8.23 滚动轴承的简化画法

(4)在装配图中,当剖切平面通过的部件为标准产品或该部件已有其他图形表示清楚时,可按不剖绘制,如图 8.14 中主视图上的油杯 8 就是按不剖绘制的。

8.7 装配图的尺寸注法

在装配图上标注尺寸与零件图上标注尺寸有所不同。它不需要注出全部零件的所有尺寸,而只注出以下五种必要的尺寸。

1. 特征尺寸

表示装配体的性能或规格的尺寸叫特征尺寸。这类尺寸是在该装配体设计前就已确定,是设计和使用机器的依据,例如图 8.13 截止阀的通孔直径ϕ 50 等。

2. 装配尺寸

装配尺寸是与装配体的装配质量有关的尺寸,它包括配合尺寸与相对位置尺寸。

(1)配合尺寸。它是表示两个零件之间配合性质的尺寸,一般用配合代号注出,如图 8.13 中的ϕ 50H7/n7 和ϕ 65H8/f7。

(2)相对位置尺寸。它是相关联的零件或部件之间较重要的相对位置尺寸。

3. 安装尺寸

将装配体安装到其他机件或地基上去时,与安装有关的尺寸称为安装尺寸。如图 8.14 中阀体与其他机件安装时的安装尺寸ϕ 130、ϕ 13、ϕ 160 等。

4. 外形尺寸

表示装配体的总长 、总宽和总高的尺寸称为外形尺寸。这些尺寸是机器的包装、运输、安装、厂房设计等不可缺少的数据。如图 8.13 截止阀的总高为 330~353,总长为 220,总宽为手轮的最大直径 ϕ175。

5. 其他重要尺寸

(1)对实现装配体的功能有重要意义的零件结构尺寸,如图 8.13 中阀杆 5 上面的螺纹 Tr26×6 及 M52×3 等。

(2)运动件运动范围的极限尺寸,如图 8.15 中摇杆摆动的极限尺寸 60°,尾架顶尖轴向移动的极限尺寸 25。

上述五种尺寸在一张装配图上不一定同时都有,有的一个尺寸也可能具有几种含义。应根据装配体的具体情况和装配图的作用具体分析，从而合理地标注出装配图的尺寸。

8.8 装配图中的零(部)件序号、明细栏和标题栏

在装配图上要对所有零件或部件编上序号，并在标题栏的上方设置明细栏或在图样之外另编制一份明细栏。这一切都是为机械产品的装配、图样管理、编制购货订单和有效地组织生产等事项服务的。

8.8.1 零(部)件序号

1. 在装配图中所有零(部)件都必须编写序号

同一张装配图中相同零件(指结构形状、尺寸和材料都相同)或部件应编写同样的序号，一般只标注一次。零(部)件的数量等内容在明细栏的相应栏目里填写。如图 8.13 中的 7 号零件螺柱，数量有 4 个，但序号只编写了一个。

2. 序号的编注形式

序号的编注用细实线画指引线，编号端用细实线画水平短横或圆，在水平短横上或圆内注写序号，序号字高要比该装配图中所注尺寸字高大一号，如图 8.24(a)所示，或大两号，如图 8.24(b)所示。编号端也可不画水平短横或圆，而只在指引线附近注写序号，序号字高要大两号，如图 8.24(c)所示。但应注意，同一装配图中编注序号的形式应一致。

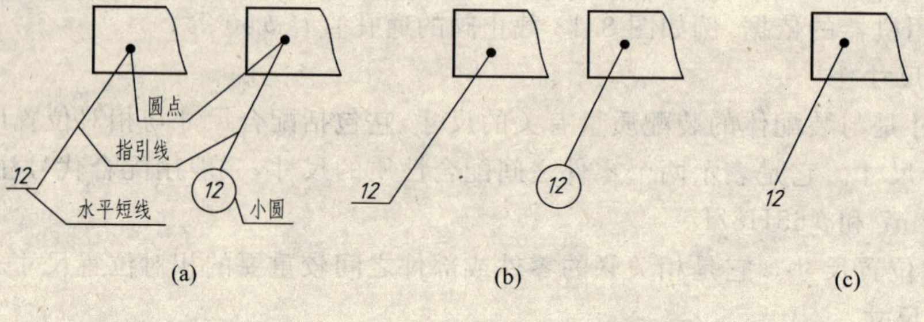

图 8.24 序号的编注形式

3. 指引线

指引线应从所指零件的可见轮廓线内引出，并在末端画一圆点，如图 8.25 所示。若所指部分(很薄的零件或涂黑的断面)内不便画圆点时，可在指引线末端画出箭头，指向该部分的轮廓，如图 8.25(a)所示。指引线通过有剖面线的区域时，应尽量不与剖面线平行，必要时指引线可以画成折线，但只可曲折一次，如图 8.25(b)所示。

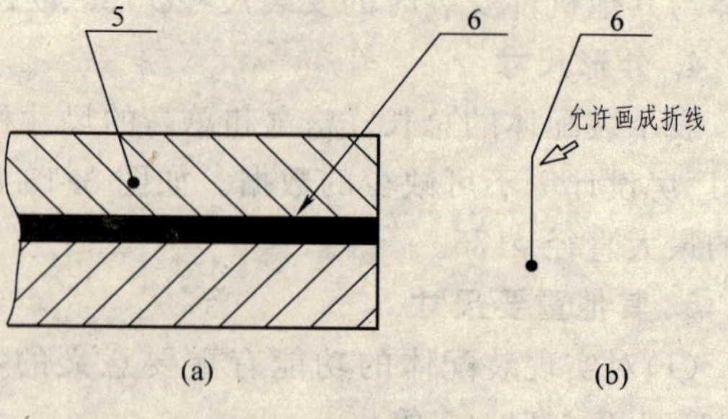

图 8.25 指引线的画法

4. **公共指引线**

螺纹紧固件及装配关系明确的零件组，采用公共指引线如图 8.26 所示。

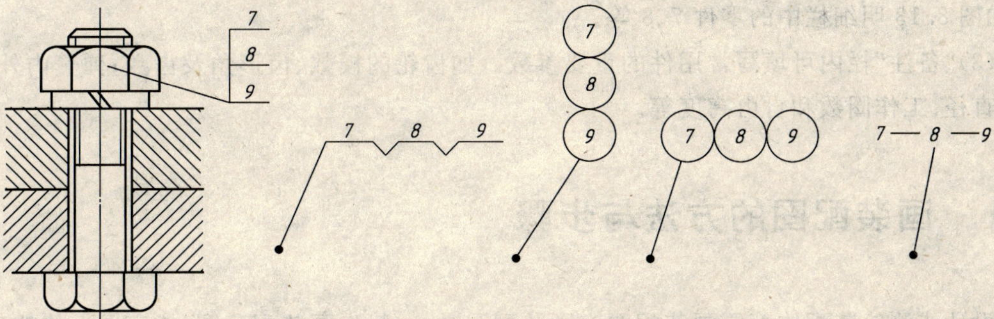

图 8.26 公共指引线的画法

5. **同一装配图中序号**

同一装配图中序号按水平或垂直方向排列整齐，并按顺时针或逆时针的顺序排列(图 8.13 是按逆时针排列的)。若在整个图上无法连续时，可只在每个水平或垂直方向上顺次排列。

6. **装配图上的标准化部件**

装配图上的标准化部件，如油杯、滚动轴承、电动机等，在图中是被当做一个件，只编写一个序号，如图 8.13 中的油杯 8。

8.8.2 明细栏和标题栏

明细栏和标题栏的格式和内容如图 8.27 所示。明细栏是说明图中各零件的名称、数量、材料、重量等内容的清单。

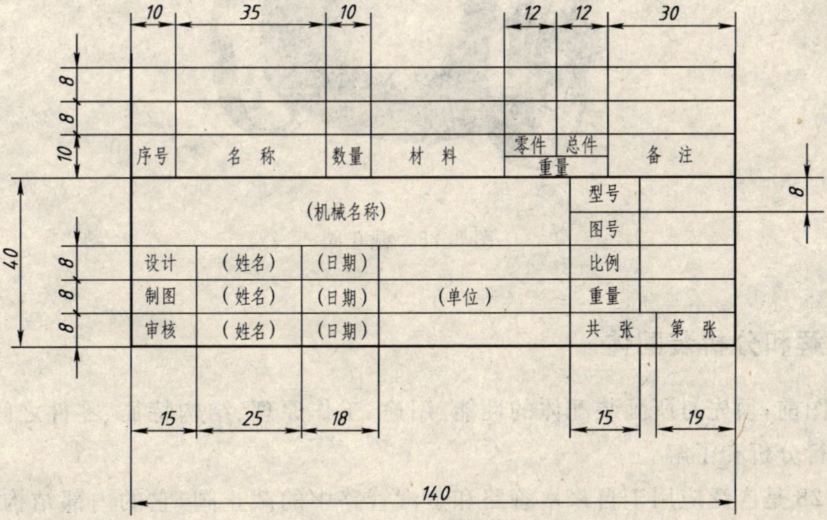

图 8.27 标题栏和明细表的格式及内容

(1)明细栏内零件序号自下而上按顺序填写。如向上位置不够时，明细栏的一部分可以放在标题栏的左边，如图 8.13 所示。所填零件序号应和图中所编零件的序号一致。

(2)填写标准件时，应在“名称”栏内写出规定代号及公称尺寸，并在“备注”栏内写出国标号，如图 8.13 明细栏中的零件 7、8 等。

(3)“备注”栏内可填写常用件的重要参数。如齿轮的模数、齿形角及齿数；弹簧内外直径、簧丝直径、工作圈数和自由高度等。

8.9 画装配图的方法与步骤

设计或测绘装配体都要画装配图。画装配图时，一般先画装配草图(或底图)，修改确定后依此为据可借助仪器手工绘制出装配图或用计算机绘制出装配图。二者在制图过程上基本相同，只是使用的绘图工具及手段不同，自然其图面质量、工作效率和图纸管理也不同，现以图 8.28 所示的截止阀为例，介绍画装配图的方法与步骤。

图 8.28 截止阀

8.9.1 了解和分析装配体

画装配图前，须先对所画装配体的性能、用途、工作原理、结构特征、零件之间的装配和连接方式等进行分析和了解。

如图 8.28 是广泛应用于自来水管路和蒸汽管路中的截止阀，它的内部结构如图 8.29 所示。图中表示出各种零件的相互连接与配合的情况。截止阀的工作原理也可从该图中看出：阀体左右两端都有通孔，在工作情况下流体由左孔流进来，从右孔流出去。阀盘靠插销与阀杆相连，阀杆的上端装着手轮，转动手轮便带动阀杆转动，并带动阀盘一起上下移动，以控制流体的流量和开启、关闭管路。为了防止流体泄露，在阀盖与阀体的结合处装有防漏垫片，在阀杆与阀盖之间装有填料，并靠盖螺母及压盖压紧。

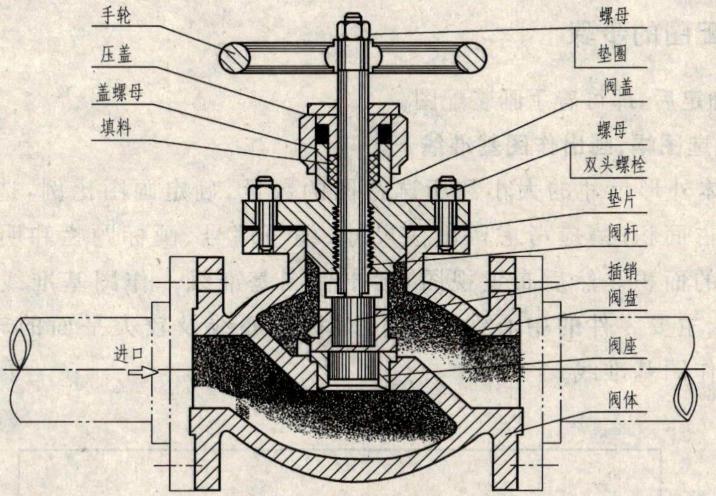

图 8.29　截止阀的结构

8.9.2　选择装配体的表达方案

在对装配体有了充分了解、主要装配关系和零件的主要结构完全明确后，就可运用前面介绍过的各种表达方法，选择该装配体的表达方案。装配图的视图选择原则与零件图有共同之处，但由于表达内容不同，也有差异。

1. 主视图的选择

要选好装配图的主视图，应注意以下问题。

(1)一般将机器或部件按工作位置或习惯位置放置。

(2)应选择最能反映装配体的主要装配关系和外形特征的那个视图作为主视图。

2. 其他视图的选择

主视图选定以后，对其他视图的选择考虑以下几点。

(1)分析还有哪些装配关系、工作原理及零件的主要结构形状还没有表达清楚，从而选择适当的视图以及相应的表达方法。

(2)尽量用基本视图和在基本视图上作剖视(包括拆卸画法、沿零件结合面剖切的画法等)来表达有关内容。

(3)要注意合理地布置视图位置，使图形清晰、布局匀称，以方便看图。

如图 8.13 所示截止阀装配图。主视图是按工作位置也可认为是按习惯位置的，采用全剖视图把截止阀的主要装配关系和外形特征基本表达出来了。俯视图是拆去了手轮 12 等画出的，表示出阀体 1 和阀盖 9 用四个螺柱连接，也表示了阀体和阀盖在该投射方向的形状。左视图基本是采用了半剖视图的形式，进一步表示阀体的内外结构形状。左视图拆去了手轮，是为了避免重复作图。

除以上三个基本视图外，还采用了 A—A 断面图，以表示阀盘 3 和阀杆 5 用插销 4 连接；并单独画出手轮的 B 向视图表示其外形。

8.9.3 画装配图的步骤

表达方案确定后，即可着手画装配图。

1. 定比例、选图幅，画出作图基准线

根据装配体外形尺寸的大小和所选视图的数量，确定画图比例，选用标准图幅。在估算各视图所占面积时，应考虑留出注尺寸、编写序号、画标题栏和明细栏以及书写技术要求所需要的面积。然后布置视图，画出作图基准线。作图基准线一般是装配体的主要装配干线、主要零件的中心线、轴线、对称中心线及较大平面的轮廓。图 8.30 画出了截止阀的作图基准线。

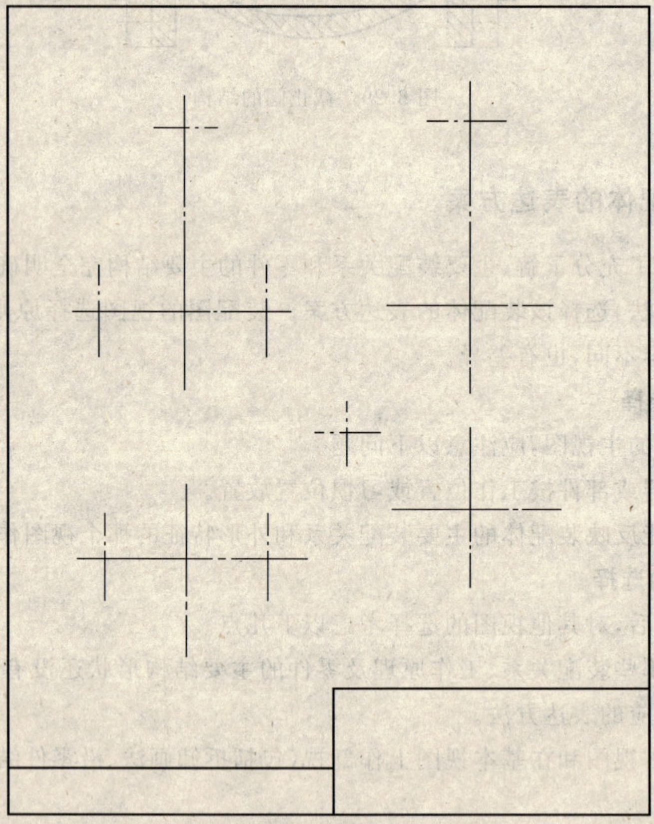

图 8.30 画装配图的步骤(一)

2. 在基本视图中画出各零件的主要结构部分

如图 8.31 所示，在画图中要根据以下原则处理。

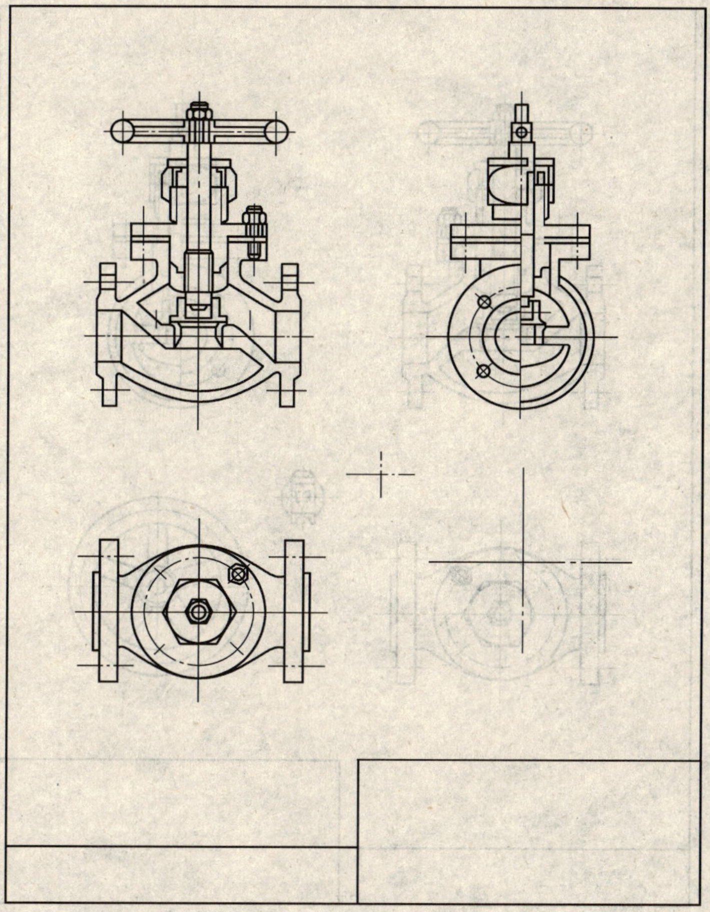

图 8.31　画装配图的步骤(二)

(1)画图时从主视图画起,几个视图配合进行绘制。

(2)在各基本视图上,一般首先画出壳体或较大的主要零件的外形轮廓,如图 8.31 中,先画出阀体 1 的三个视图。

(3)依次画出各装配干线上的各零件,要保证各零件之间的正确装配关系。例如,画完阀体 1 后,应再画出装在阀体上的阀座 2,然后画出与阀座 2 紧密接触的阀盘 3,按装配顺序依次画出各零件。

(4)画剖视图时,要尽量从主要轴线围绕装配干线逐个零件按由里向外画。这样画法,可避免将遮住的不可见零件的轮廓线画上去。如在画主视图时,定好位后,先画阀座 2,这样阀体 1 上的座孔被挡住部分就不用画了。

3. 在各视图中画出装配体的细节部分

如图 8.32 所示,画出 $A—A$ 断面图,手轮的 B 向视图和螺栓、螺母等细节部分。

4. 完成全图

底图经过检查、校对无误主后加深图线、画剖面符号、注写尺寸和技术要求、编写零件序号、填写标题栏和明细栏等,最后校核完成全图,如图 8.13 所示。

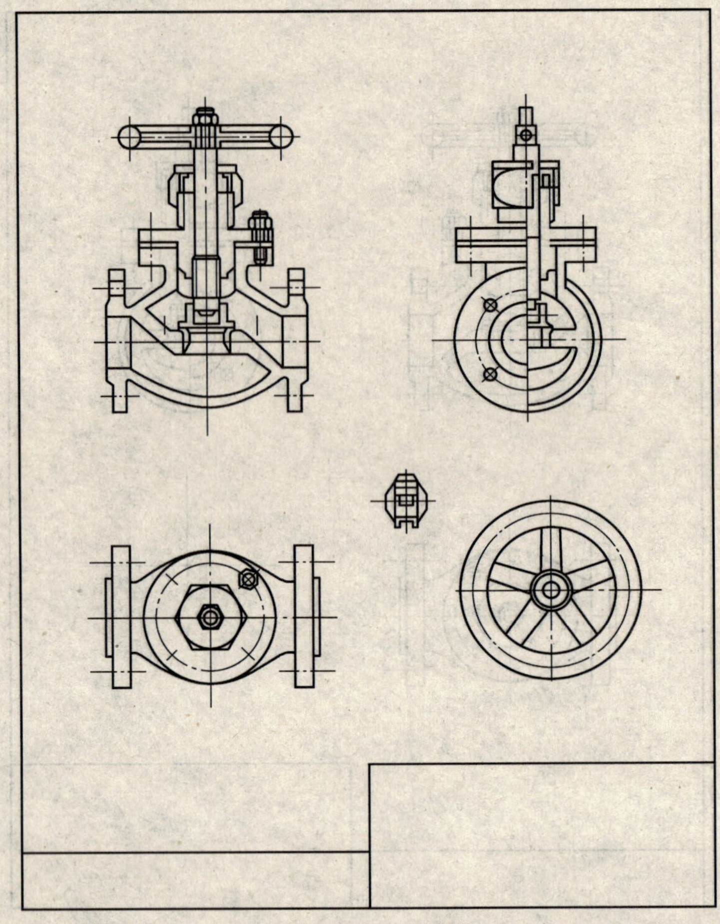

图 8.32 画装配体的步骤(三)

8.10 识读装配图

设计机器、装配产品、合理使用和维修机器设备及学习先进技术都会遇到看装配图的问题。看装配图应达到下列三点基本要求。

1. 了解装配体的功能、性能和工作原理。

2. 明确各零件的作用和它们之间的相对位置、装配关系以及各零件的拆装顺序。

3. 看懂零件(特别是几个主要零件)的结构形状。

现以齿轮油泵装配图为例,说明看装配图的一般方法与步骤,如图 8.33 所示。

8.10.1 认识部件概况,分析视图关系

拿到一张装配图,应先看标题栏、明细栏,从中得知装配体的名称和组成该装配体的各零件的名称、数量等。从图 8.33 的标题栏中知道,这个部件的名称叫齿轮油泵。从明细栏中可知齿轮油泵有 15 种零件,另有 3 种标准件。

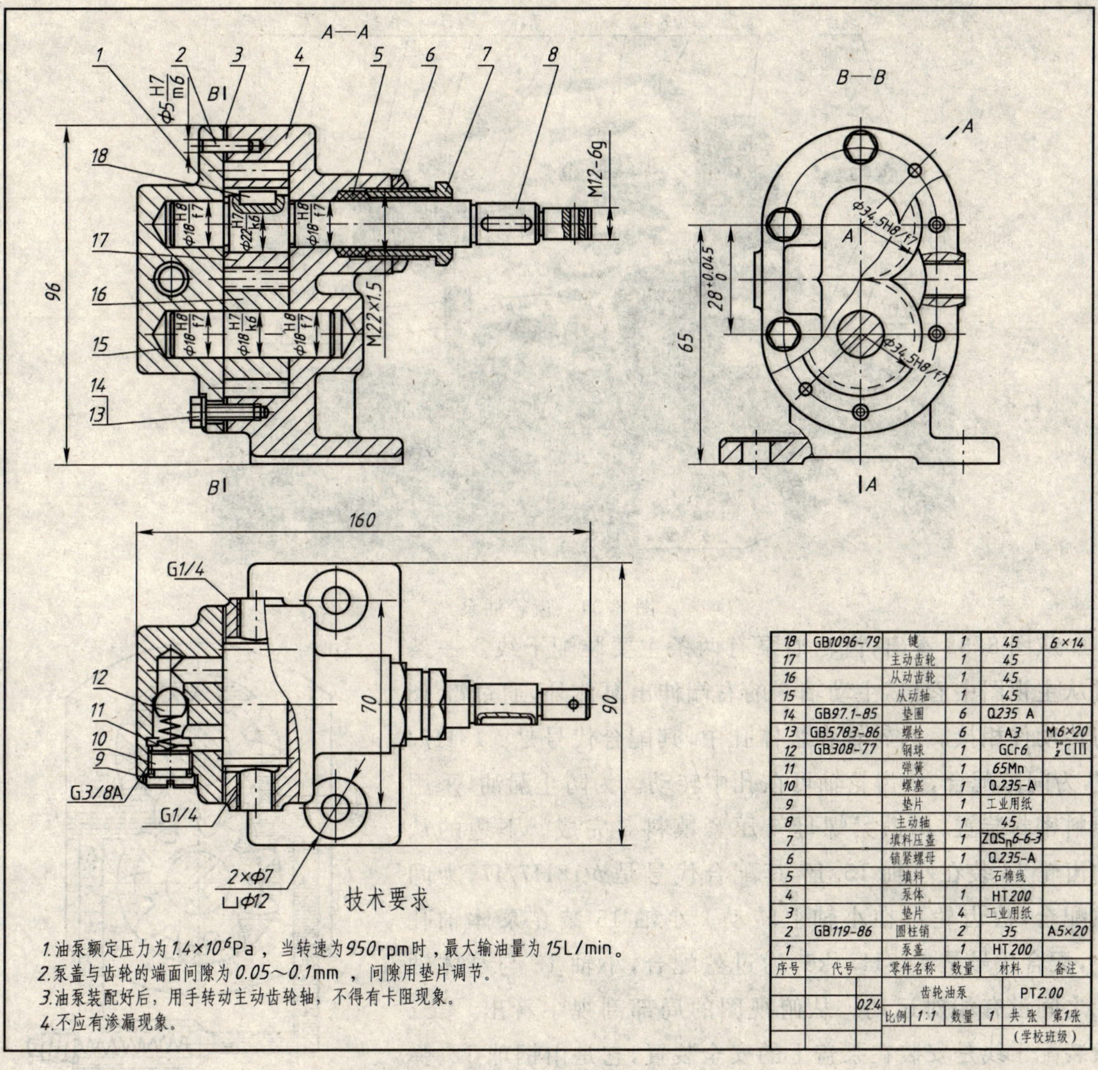

序号	代号	零件名称	数量	材料	备注
18	GB1096-79	键	1	45	6×14
17		主动齿轮	1	45	
16		从动齿轮	1	45	
15		从动轴	1	45	
14	GB97.1-85	垫圈	6	Q235 A	
13	GB5783-86	螺栓	6	A3	M6×20
12	GB308-77	钢球	1	GCr6	1/2" CIII
11		弹簧	1	65Mn	
10		螺塞	1	Q235-A	
9		垫片	1	工业用纸	
8		主动轴	1	45	
7		填料压盖	1	ZQS_n6-6-3	
6		锁紧螺母	1	Q235-A	
5		填料		石棉线	
4		泵体	1	HT200	
3		垫片	4	工业用纸	
2	GB119-86	圆柱销	2	35	A5×20
1		泵盖	1	HT200	

图 8.33 齿轮油泵装配图

分析视图：找出哪是个主视图？它们的投影关系怎样？剖视图、断面图的剖切位置在什么地方，有哪些特殊表达方法及各视图表示的主要内容是什么？

图 8.33 中的齿轮油泵装配图共有三个视图：主视图是通过齿轮油泵对称平面剖切的局部剖视图，表达了油泵的外形及两齿轮轴系的装配关系。俯视图中除表达齿轮油泵的外形外，还用局部剖视图表达泵盖上的安全装置和泵体两侧的锥管螺纹通孔（R 1/2）。左视图主要表达齿轮油泵的外形，同时还表达泵体与泵盖有两个圆柱销定位，用四个螺栓连接。

8.10.2 弄清装配关系，了解工作原理

这是看装配图的关键阶段。先分析装配干线，了解互相有关的各零件用什么方法连接的，有没有配合关系，哪些零件是静止的，哪些零件是运动的等。

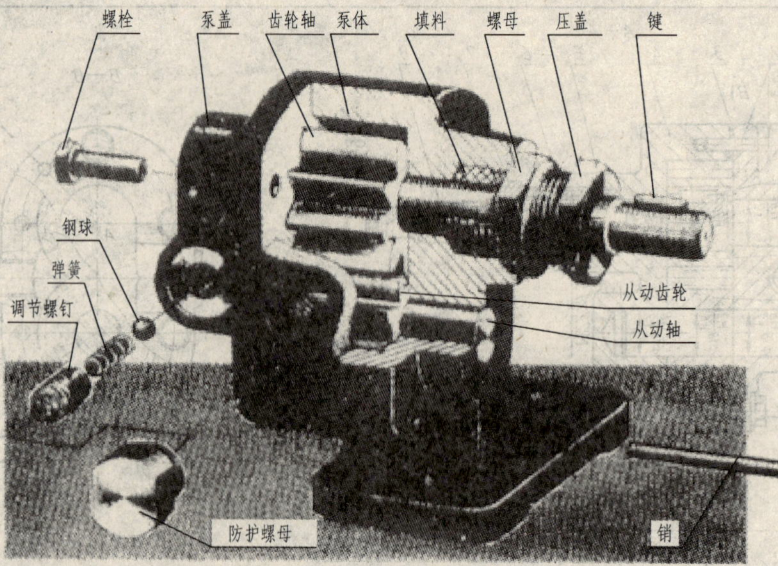

图 8.34　齿轮油泵

从图 8.33 看出，齿轮油泵有两条主要装配干线。一条可从主视图中看出，主动轴 8 的右端伸出泵体外，通过键 18 与传动件相接。齿轮轴在泵体孔中，其配合代号是 ϕ 18H7/f7，为间隙配合，故齿轮轴可在孔中转动。为防止漏油，采用填料密封装置，用锁紧螺母 6 压紧填料 5 完成。下边的从动齿轮 16 装在小轴 15 上，其配合代号是 ϕ 18H7/f7，为间隙配合，故齿轮可在小轴上转动。小轴 15 装在泵体轴孔中，配合代号是 ϕ 18H7/k6，为过盈配合，小轴 15 与泵体轴孔之间没有相对运动。从俯视图的局部剖视中看出，第二条装配干线是安装在泵盖上的安全装置，它是由钢球 12、弹簧 11、螺塞 10 和垫片 9 组成，该装配干线中的运动件是钢球 12 和弹簧 11。

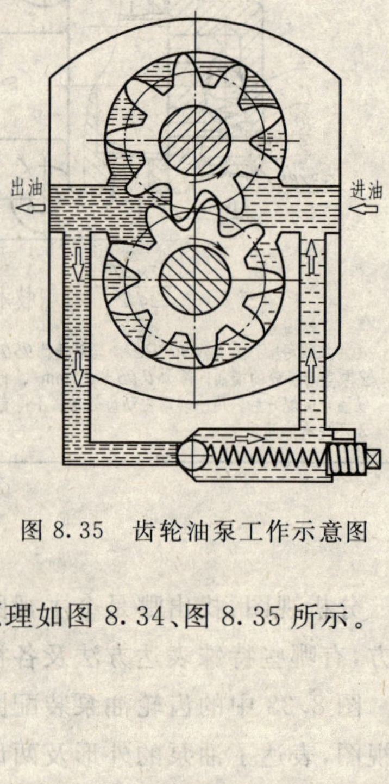

图 8.35　齿轮油泵工作示意图

通过以上装配关系的分析，可以描绘出齿轮油泵的工作原理如图 8.34、图 8.35 所示。

8.10.3　看懂零件形状，拆画零件图

1. 标准件

标准件一般属于外购件，不画零件图。按明细栏中标准件的规定标记代号，列出标准件的汇总表就可以了。

2. 借用零件

借用零件是借用定型产品上的零件，这类零件可用定型产品的已有图样，不必另行画零件图。

3. 重要设计零件

重要零件在设计说明书中给出这类零件的图样或重要数据，对这类零件，应按给出的图样

或数据绘制零件图，如汽轮机的叶片、喷嘴等。

4. **一般零件**

这类零件是拆画零件主要对象，拆画零件图的方法如下。

1)分离零件形状

要看懂零件的结构形状，先要分离零件，即从各视图把该零件的投影轮廓范围划分出来。其方法是，利用各视图之间的投影关系和剖视图、断面图中各零件剖面线方向、间隔的不同进行分离。

例如，分析图 8.33 中零件 4。由明细栏查得，此零件叫泵体，从三个视图中大体可看出，泵体是齿轮油泵的主体。再通过投影关系和分辨剖面线异同等方法，可以把它从装配件中分离出来。图 8.36 是分离出的泵体三视图，从图中看出泵体包括壳体和底板两部分。壳体左视图的外形或由与它相连接的泵盖形状确定，左端面上有 4 个螺孔和 2 个销孔从明细栏中查出。壳体内腔的形状依随它包容的 2 个齿轮形状确定。从主、俯视图中还可以看出壳体前面的进油锥螺孔、底板的形状及其上面的通孔和通槽。在装配图中只能看出图 8.36 画出的泵体结构形状，该图还没有全部把泵体的结构形状表示出来。

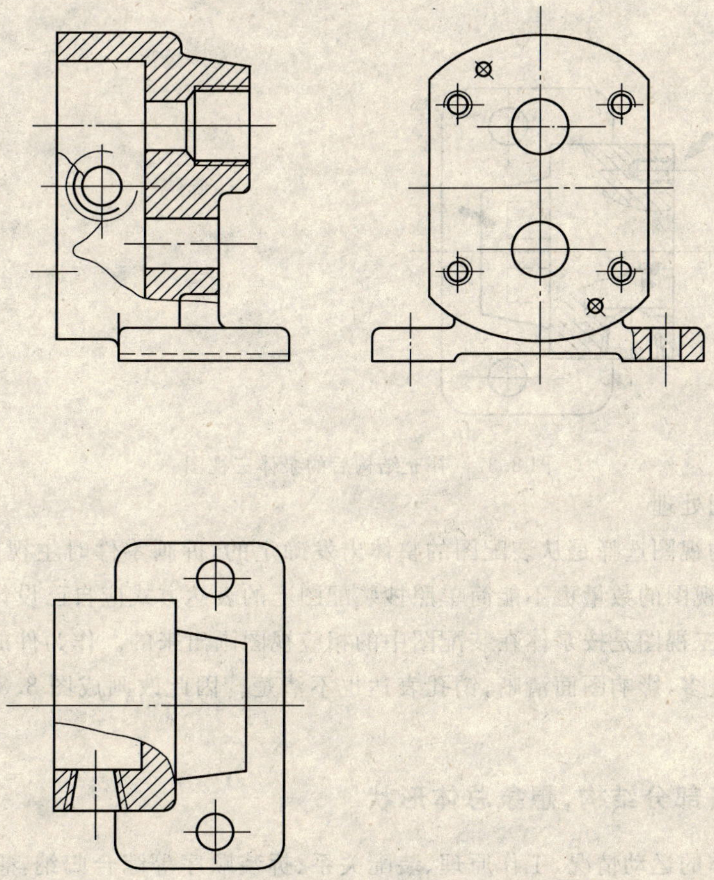

图 8.36　分离出来的泵体三视图

2)补充设计装配图上该零件未确定的结构形状

泵体(见图 8.36),其内腔的形状、右端面凸台形状,壳体后边的出油锥螺孔、右下方肋板的厚度、左端面上螺孔的深度都没有确定下来。对这些结构,要根据零件该部分的作用,工作情况和工艺要求进行合理的补充设计,如倒角、退刀槽、圆角、拔模斜度等。

图 8.37 是通过补充设计后泵体的三视图。

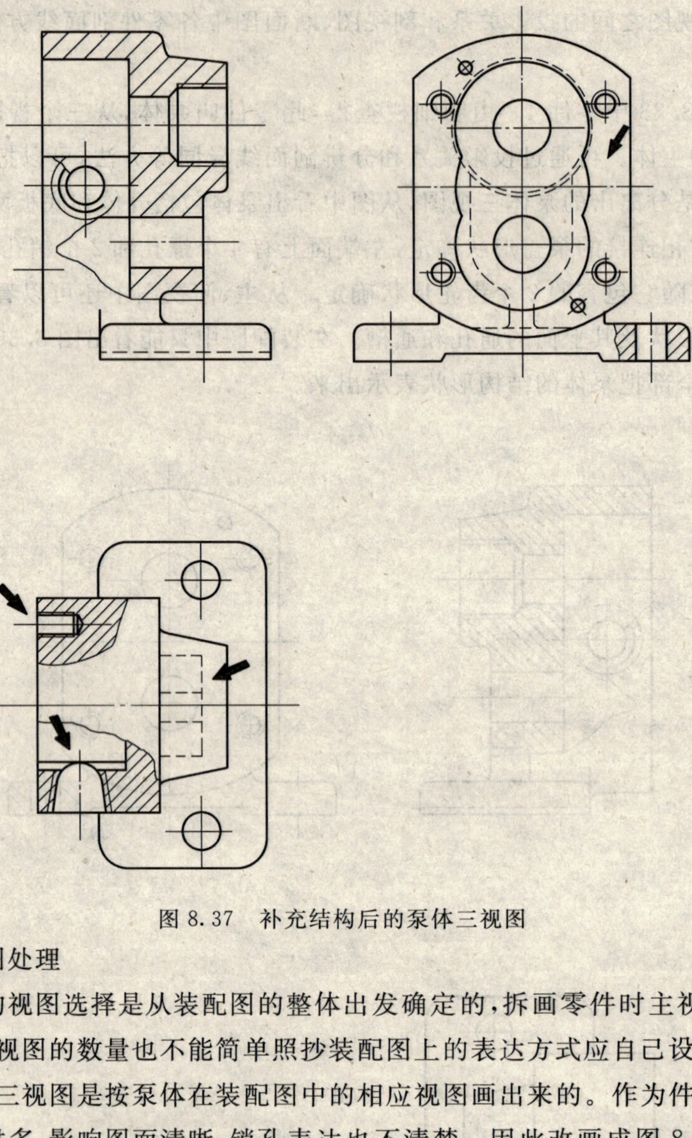

图 8.37　补充结构后的泵体三视图

3)零件的视图处理

由于装配图的视图选择是从装配图的整体出发确定的,拆画零件时主视图应根据其选择原则重新考虑,其视图的数量也不能简单照抄装配图上的表达方式应自己设计拟定。

图 8.37 泵体三视图是按泵体在装配图中的相应视图画出来的。作为件的表达不够理想。因为左视图虚线过多,影响图面清晰;销孔表达也不清楚。因此改画成图 8.38 所示的表达形式。

8.10.4　综合各部分结构,想象总体形状

最后对装配体的运动情况、工作原理、装配关系、拆装顺序等综合归纳,想象总体形状,进一步了解整体和各部分的设计意图。

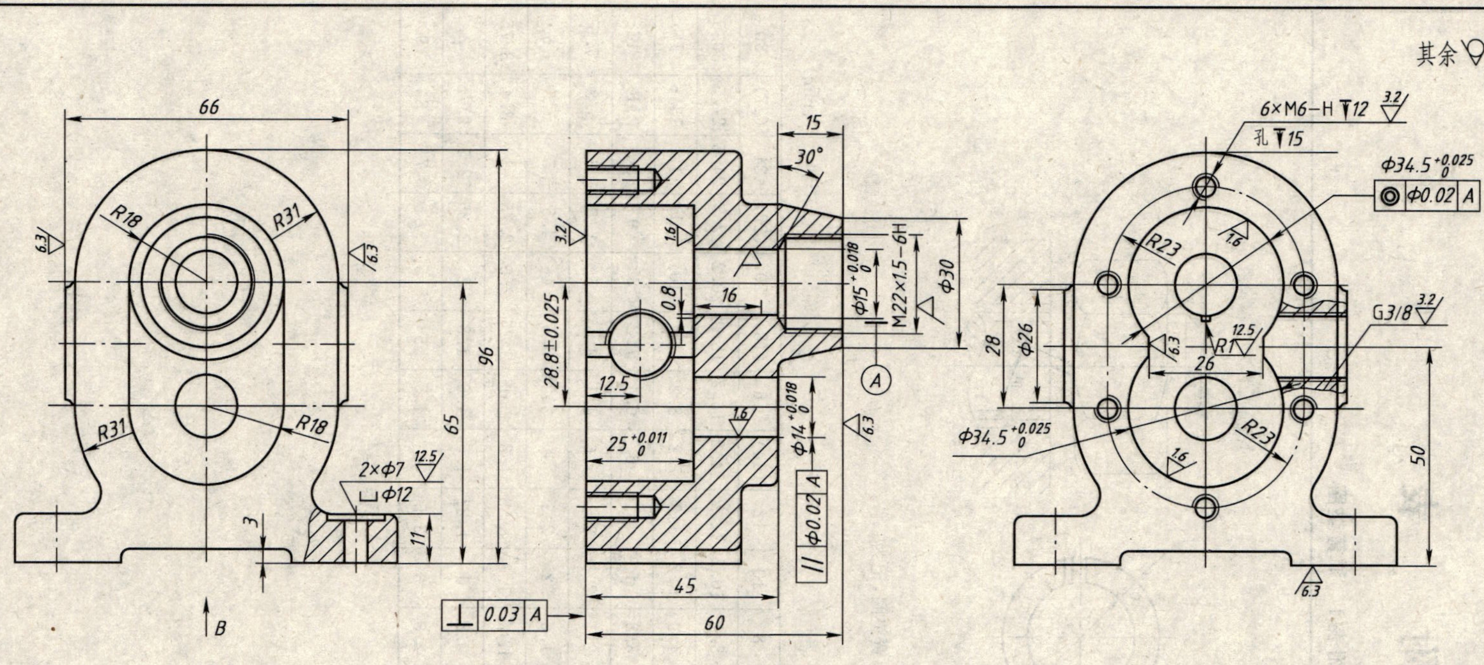

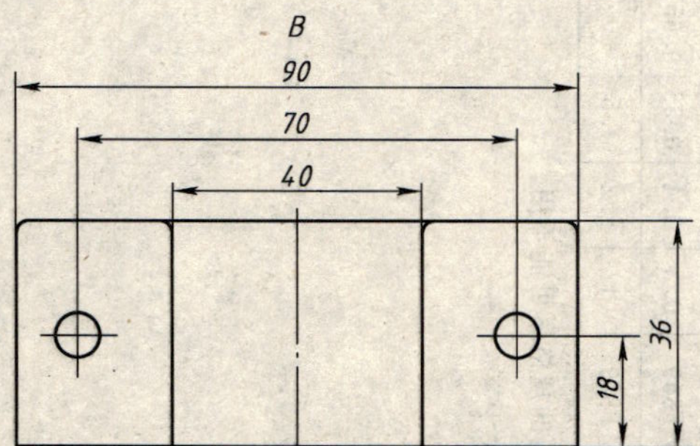

技术要求

1. 未注圆角半径$R2 \sim R3$。
2. 铸件须经人工时效处理。
3. 铸件不得有气孔、缩孔、砂眼等缺陷。

泵体				材料	HT200
				数量	1
设计			(单位)	质量	
制图				比例	1:1
审核				图号	Z01-05

图 8.38 重新布局的泵体三视图

附　表

附表 1　弹簧垫圈

标准型弹簧垫圈(摘自 GB/T 93—1987)

轻型弹簧垫圈(摘自 GB/T 859—1987)

标记示例:

规格 16 mm、材料为 65Mn、表面氧化的标准型弹簧垫圈,记为:

垫圈　GB/T 93—1987　16

(mm)

规格(螺纹大径)		3	4	5	6	8	10	12	(14)	16	(18)	20	(22)	24	(27)	30
d		3.1	4.1	5.1	6.1	8.1	10.2	12.2	14.2	16.2	18.2	20.2	22.5	24.5	27.5	30.5
H	GB/T93	1.6	2.2	2.6	3.2	4.2	5.2	6.2	7.2	8.2	9	10	11	12	13.6	15
	GB/T859	1.2	1.6	2.2	2.6	3.2	4	5	6	6.4	7.2	8	9	10	11	12
S(*b*)	GB/T93	0.8	1.1	1.3	1.6	2.1	2.6	3.1	3.6	4.1	4.5	5	5.5	6	6.8	7.5
S	GB/T859	0.6	0.8	1.1	1.3	1.6	2	2.5	3	3.2	3.6	4	4.5	5	5.5	6
m≤	GB/T93	0.4	0.55	0.65	0.8	1.05	1.3	1.55	1.8	2.05	2.25	2.5	2.75	3	3.4	3.75
	GB/T859	0.3	0.4	0.55	0.65	0.8	1	1.25	1.5	1.6	1.8	2	2.25	2.5	2.75	3
b	GB/T859	1	1.2	1.5	2	2.5	3	3.5	4	4.5	5	5.5	6	7	8	9

注:1. 括号内的规格尽可能不用。

2. *m* 应大于零。

附表 2　双头螺柱(摘自 GB/T 897～900—1988)

双头螺柱——$b_m=1d$(摘自 GB/T 897—1988)
双头螺柱——$b_m=1.25d$(摘自 GB/T 898—1988)
双头螺柱——$b_m=1.5d$(摘自 GB/T 899—1988)
双头螺柱——$b_m=2d$(摘自 GB/T 900—1988)

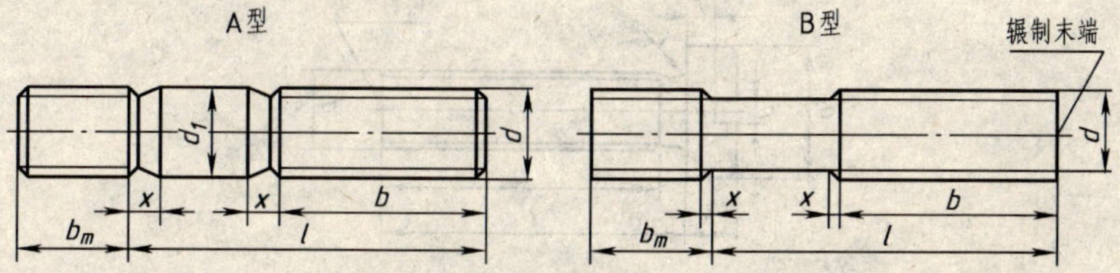

标记示例:

两端均为粗牙普通螺纹,$d=10$ mm,$l=50$ mm,性能等级为 4.8 级,B 型,$b_m=1d$　记为:螺柱 GB/T 897—1988 M10×50 旋入机体一端为粗牙普通螺纹,旋螺母一端为 $P=1$ mm 的细牙普通螺纹,$d=10$ mm,$l=50$ mm,性能等级为 4.8 级,A 型,$b_m=1d$　记为:螺柱 GB/T 897—1988 AM10—M10×1×50 旋入机体一端为过渡配合的第一种配合,旋螺母一端为粗牙普通螺纹,$d=10$ mm,$l=50$ mm,性能等级为 8.8 级,镀锌钝化,B 型 $b_m=1d$　记为:螺柱 GB/T 897—1988 GM10—M10×50—8.8—Zn・D

(mm)

螺纹规格 d	b_m(旋入机体端长度)				d_s	x	l/b(螺柱长度/旋螺母端长度)
	GB/T 897	GB/T 898	GB/T 899	GB/T 900			
M4			6	8	4	1.5P	16～22/8 25～40/14
M5	5	6	8	10	5	1.5P	16～22/10 25～50/16
M6	6	8	10	12	6	1.5P	20～22/10 25～30/14 32～75/18
M8	8	10	12	16	8	1.5P	20～22/12 25～30/16 32～90/22
M10	10	12	15	20	10	1.5P	25～28/14 30～38/16 40～120/26 130/32
M12	12	15	18	24	12	1.5P	25～30/16 32～40/20 45～120/30 130～180/36
M16	16	20	24	32	16	1.5P	30～38/20 40～55/30 60～120/38 130～200/44
M20	20	25	30	40	20	1.5P	35～40/25 45～65/35 70～120/46 130～200/52
M24	24	30	36	48	24	1.5P	45～50/30 55～75/45 80～120/54 130～200/60
M30	30	38	45	60	30	1.5P	60～65/40 70～90/50 95～120/66 130～200/72 210～250/85
M36	36	45	54	72	36	1.5P	65～75/45 80～110/60 120/78 130～200/84 210～300/97
M42	42	52	65	84	42	1.5P	70～80/50 85～110/70 120/90 130～200/96 210～300/109
M48	48	60	72	96	48	1.5P	80～90/60 95～110/80 120/102 130～200/108 210～300/121
l 系列	12,(14),16,(18),20,(22),25,(28),30,(32),35,(38),40,45,50,(55),60,(65),70,(75),80,(85),90,(95),100,110～260(10 进位),280,300						

注:1. 括号内的规格尽可能不用。
2. P 为螺距。
3. $b_m=1d$,一般用于钢对钢;$b_m=1.25d$、$b_m=1.5d$,一般用于钢对铸铁;$b_m=2d$,一般用于钢对铝合金。

附表3　开槽盘头螺钉(摘自 GB/T 67—2000)

标记示例:

螺纹规格 d=M5、公称长度 l=20、性能等级为 4.8 级、不经表面处理的 A 级开槽盘头螺钉,记为:螺钉　GB/T 67—2000　M5×20

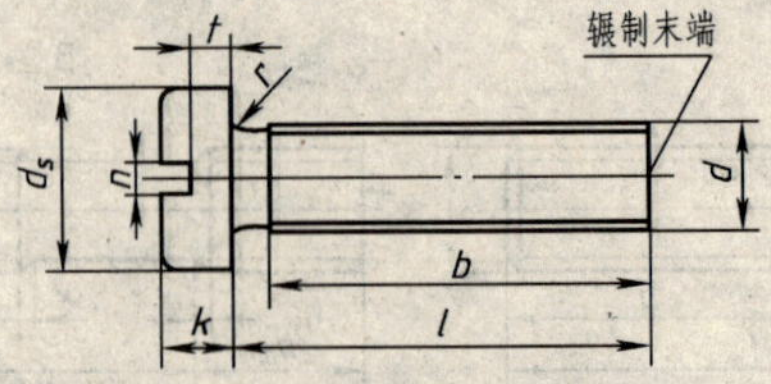

(mm)

螺纹规格 g	M1.6	M2	M2.5	M3	M4	M5	M6	M8	M10
P(螺距)	0.35	0.4	0.45	0.5	0.7	0.8	1	1.25	1.5
b	25	25	25	25	38	38	38	38	38
d_k	3.2	4	5	5.6	8	9.5	12	16	20
k	1	1.3	1.5	1.8	2.4	3	3.6	4.8	6
n	0.4	0.5	0.6	0.8	1.2	1.2	1.6	2	2.5
r	0.1	0.1	0.1	0.1	0.2	0.2	0.25	0.4	0.4
t	0.35	0.5	0.6	0.7	1	1.2	1.4	1.9	2.4
公称长度 l	2~6	2.5~20	3~25	4~30	5~40	6~50	8~60	10~80	12~80
l 系列	2,2.5,3,4,5,6,8,10,12,(14),16,20,25,30,35,40,45,50,(55),60,(65),70,(75),80								

注:1. 括号内的规格尽可能不用。

2. M1.6~M3 的螺钉,公称长度 $l \leqslant 30$ 的,制出全螺纹;M4~M10 的螺钉,公称长度 $l \leqslant 40$ 的,制出全螺纹。

附表 4　开槽沉头螺钉(摘自 GB/T 68—2000)

标记示例：

螺纹规格 d=M5、公称长度 l=20、性能等级为 4.8 级、不经表面处理的 A 级开槽沉头螺钉，记为：螺钉　GB/T 68—2000　M5×20

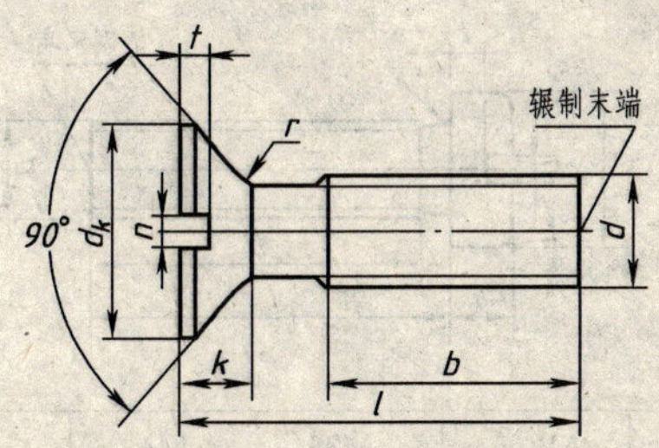

(mm)

螺纹规格 d	M1.6	M2	M2.5	M3	M4	M5	M6	M8	M10
P(螺距)	0.35	0.4	0.45	0.5	0.7	0.8	1	1.25	1.5
b	25	25	25	25	38	38	38	38	38
d_k	3.6	4.4	5.5	6.3	9.4	10.4	12.6	17.3	20
k	1	1.2	1.5	1.65	2.7	2.7	3.3	4.65	5
n	0.4	0.5	0.6	0.8	1.2	1.2	1.6	2	2.5
r	0.4	0.5	0.6	0.8	1	1.3	1.5	2	2.5
t	0.5	0.6	0.75	0.85	1.3	1.4	1.6	2.3	2.6
公称长度 l	25～16	3～20	4～25	5～30	6～40	8～50	8～60	10～80	12～80
l 系列	2.5,3,4,5,6,8,10,12,(14),16,20,25,30,35,40,45,50,(55),60,(65),70,(75),80								

注：1. 括号内的规格尽可能不用。

2. M1.6～M3 的螺钉，公称长度 $l\leqslant30$ 的，制出全螺纹；M4～M10 的螺钉，公称长度 $l\leqslant45$ 的，制出全螺纹。

附表 5　开槽圆头螺钉(摘自 GB/T 65—2000)

标记示例：

螺纹规格 d=M5、公称长度 l=20、性能等级为 4.8 级、不经表面氧化的 A 级开槽圆头螺钉，记为：螺钉　GB/T 65—2000　M5×20

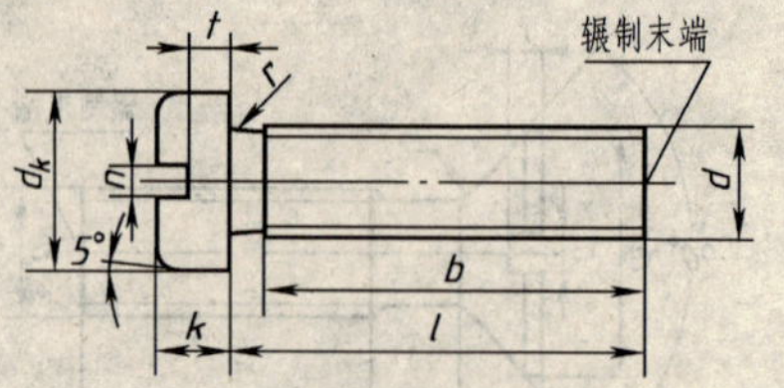

(mm)

螺纹规格 d	M1.6	M2	M2.5	M3	M4	M5	M6	M8	M10
P(螺距)	0.35	0.4	0.45	0.5	0.7	0.8	1	1.25	1.5
b	25	25	25	25	38	38	38	38	38
d_k	3	3.8	4.5	5.5	7	8.5	10	13	16
k	1.1	1.4	1.8	2.0	2.6	3.3	3.9	5.0	6.0
n	0.4	0.5	0.6	0.8	1.2	1.2	1.6	2	2.5
r	0.1	0.1	0.1	0.1	0.2	0.2	0.25	0.4	0.4
t	0.35	0.5	0.6	0.7	1	1.2	1.4	1.9	2.4
公称长度 l	2～16	3～20	3～25	4～30	5～40	6～50	8～60	10～80	12～80
l 系列	2,3,4,5,6,8,10,12,(14),16,20,25,30,35,40,45,50,(55),60,(65),70,(75),80								

注：1. M1.6～M3 的螺钉，公称长度 $l \leqslant 30$ 的，制出全螺纹；M4～M10 的螺钉，公称长度 $l \leqslant 40$ 的，制出全螺纹。

2. 括号内的规格尽可能不用。

附表 6　平键和键槽的尺寸与公差(摘自 GB/T 1095—2003 和 GB/T 1096—2003)　(mm)

轴	键			键槽									
				宽度 b						深度			
					极限偏差					轴 t_1		轴 t_2	
公称直径 d	公称尺寸 $b\times h$	宽度极限偏差(h8)	高度 h 极限偏并(h11)	公称尺寸 b	松联结		正常联结		紧密联结	基本尺寸	极限偏差	基本尺寸	极限偏差
					轴 H9	毂 D10	轴 N9	毂 JS9	轴和毂 P9				
自 6～8	2×2	0 −0.014	—	2	+0.025 0	+0.060 +0.020	−0.004 −0.029	±0.0125	−0.006 −0.031	1.2	+0.1 0	1.0	+0.1 0
>8～10	3×3			3						1.8		1.4	
>10～12	4×4	0 −0.018	—	4	+0.030 0	+0.078 +0.030	0 −0.030	±0.015	−0.012 −0.042	2.5		1.8	
>12～17	5×5			5						3.0		2.3	
>17～22	6×6			6						3.5		2.8	
>22～30	8×7	0 −0.022	0 −0.090	8	+0.036 0	+0.098 +0.040	0 −0.036	±0.018	−0.015 −0.051	4.0	+0.2 0	3.3	+0.2 0
>30～38	10×8			10						5.0		3.3	
>38～40	12×8	0 −0.027		12	+0.043 0	+0.120 +0.050	0 −0.043	±0.0215	−0.018 −0.061	5.0		3.3	
>44～50	14×9			14						5.5		3.8	
>50～58	16×10			16						6.0		4.3	
>58～65	18×11		0 −0.110	18						7.0		4.4	
>65～75	20×12	0 −0.033		20	+0.052 0	+0.149 +0.065	0 −0.052	±0.026	−0.022 −0.074	7.5		4.9	
>75～85	22×14			22						9.0		5.4	
>85～95	25×14			25						9.0		5.4	
>95～100	28×16			28						10.0		6.4	

参 考 文 献

[1] 王志泉，项任昌．机械制图与公差[M]．北京：清华大学出版社，2006.
[2] 刘力．机械制图[M]．2版．北京：高等教育出版社，2004.
[3] 朱玺宝．工程制图[M]．北京：高等教育出版社，2006.
[4] 殷素峰．新编机械制图(少学时)[M]．北京：北京大学出版社，2007.
[5] 中华人民共和国国家标准 机械制图 样图画法 图线．北京：中国标准出版社，2003.
[6] 中华人民共和国国家标准 机械制图 图样画法 剖视图和断面图．北京：中国标准出版社，2003.
[7] 《机械制图》国家标准工作组．机械制图新旧标准代换教程[M]．北京：中国标准出版社，2003.